数字化室内设计思维与表达

王栋 著

U0740331

化学工业出版社

·北京·

内容简介

本书系统地介绍了在数字化时代如何运用创造性思维进行室内设计,并通过有效的方式表达设计理念和方案。书中首先介绍了数字化设计的概念和设计思维的重要性,然后详细介绍了常用的数字化室内设计软件、数字建模与仿真技术、虚拟现实与增强现实技术在室内设计中的应用。书中通过大量插图、实际项目分析和成功案例分享,展示了数字化室内设计的实际应用和成效。同时展望了数字化室内设计的未来发展趋势,包括技术革新、设计融合,以及推动绿色设计和可持续设计的作用。

本书适合室内设计等相关专业的师生、设计行业爱好者与从业者,以及相关行业决策者与管理者阅读。

随书附赠资源,请访问https://cip.com.cn/Service/Download下载。在如右图所示位置,输入"47018"点击"搜索资源"即可进入下载页面。

图书在版编目(CIP)数据

数字化室内设计思维与表达 / 王栋著. --北京:化学工业出版社,2024.11. -- ISBN 978-7-122-47018-8

Ⅰ. TU238.2

中国国家版本馆CIP数据核字第20245SM430号

责任编辑:吕梦瑶   文字编辑:冯国庆
责任校对:宋 玮   装帧设计:韩 飞

出版发行:化学工业出版社
     (北京市东城区青年湖南街13号 邮政编码100011)
印 装:北京宝隆世纪印刷有限公司
787mm×1092mm 1/16 印张10¾ 字数300千字
2025年11月北京第1版第1次印刷

购书咨询:010-64518888   售后服务:010-64518899
网 址:http://www.cip.com.cn
凡购买本书,如有缺损质量问题,本社销售中心负责调换。

定 价:98.00元   版权所有 违者必究

在当今这个日新月异的数字化时代，室内设计领域正经历着前所未有的变革与创新。数字化技术的迅猛发展不仅改变了人们的生活方式，也深刻地影响了室内设计的创作理念、技术手段和表达方式。本书正是在这个背景下应运而生的，旨在深入探讨数字化室内设计的基本概念、原理和方法，系统阐述数字化技术在室内设计中的应用，为读者提供全面的理论框架和实践指导。

本书从理论角度出发，明确了数字化室内设计的概念、范畴和发展历程，阐述了其在现代室内设计中的重要地位和作用。通过介绍数字化室内设计思维方法、创意途径与表达技巧，以及详细阐述数字化室内设计的流程，为读者构建了一个完整的数字化室内设计知识体系。同时，在数字化技术方面，本书详细介绍了数字化室内设计所需的技术基础，包括计算机软件（如 CAD、Revit、3D Max、SketchUp 等）、硬件设备（如高性能计算机、虚拟现实设备等）以及相关的数字处理技术。通过详细介绍室内设计中的结构、空间以及视觉元素及其应用，为读者提供扎实的室内设计理论基础。同时，本书还重点剖析了数字化设计软件在室内设计中的实践应用，通过住宅空间和公共空间不同案例的对比探讨，展示了数字化室内设计思路、技术手段和效果评估的多样性。在展望未来时，本书分析了数字化室内设计领域的技术发展趋势，如人工智能、大数据、物联网等新技术在室内设计中的应用前景。此外，本书还讨论了数字化室内设计教育与实践的结合方式，以及如何培养具备数字化设计能力的专业人才，这对于推动室内设计行业的可持续发展具有重要意义。

本书第 1 章从理论的角度阐述了数字化室内设计思维培养；第 2 章从数字化室内设计所需的技术基础分别介绍了数字化室内设计工具与制图规范；第 3 章从室内设计中的结构、空间以及室内设计中的视觉元素介绍了室内设计基础知识；第 4

章介绍了室内设计与数字技术的融合，通过住宅空间和公共空间不同案例的对比，探讨了数字化室内设计思路、技术手段和效果评估；第5章介绍了数字化室内设计的发展趋势，分析探讨了数字化室内设计领域的技术发展趋势和设计趋势。

　　本书的特色主要体现在数字化技术的深度融合、理论与实践的紧密结合、创新性的设计思维与方法、丰富的表达手法与技巧、跨学科的综合应用以及强调用户体验与互动性等方面。本书内容具有一定的学术价值和实践指导意义，不仅适合作为高校室内设计等专业的教材或参考书，也适合广大室内设计从业者、爱好者及相关专业人士阅读和学习。

　　本书的完成得益于众多业界同人的实践探索和学术研究，特别是那些将数字技术与设计艺术巧妙融合的先行者们。他们的创新精神与实验性项目为本书提供了丰富的案例素材和思想启发。

　　希望《数字化室内设计思维与表达》能够为行业内的设计师、教育工作者、学生及空间设计爱好者提供有价值的参考，本书既可作为专业院校的教材使用，也可作为从业者的进阶指南。

著者

2025 年 6 月

/ 目录

第 1 章
/ 数字化室内设计思维培养

1.1 数字化室内设计概述

1.1.1 数字化室内设计的基本概念

数字化设计，也称数字设计或虚拟设计。其是通过计算机技术，特别是 CAD（计算机辅助设计）和 CAM（计算机辅助制造）软件，将传统设计过程转化为数字化设计过程。这种设计方式能够精确地描述产品，模拟产品性能，并优化产品设计，最终通过数字模型直接指导生产。数字化设计在建筑、园林、室内、机械、电子、航空航天等多个领域都有广泛应用。

在室内领域，数字化室内设计不是简单的 3D 建模或渲染，而是融合了多项先进技术，以创造更加智能、舒适、环保且富有艺术感的居住和工作环境。

智能环境设计是数字化室内设计的重要组成部分，它借助先进的物联网技术、人工智能算法和传感器等设备，实现对室内环境的智能调控。根据居住者的生活习惯和需求，通过智能照明系统、温度控制系统、空气质量监测系统等，可以自动调节室内光线、温度和空气质量，提供个性化的舒适环境。

在数字化室内设计中，系统集成管理是实现各项智能功能的关键。它涉及不同系统之间的数据交换、信息共享和协同工作。通过统一的管理平台，可以实时监测室内环境的各项指标，及时发现并解决问题，保证系统的稳定运行。同时，系统集成管理还可以提高设计效率，降低后期维护成本。将数字化设计与制造、管理等领域深度融合，形成集成化的设计和制造系统，提高产品的设计和制造效率。

通过智能环境设计和系统集成管理，可以实现对能源的高效利用和对环境的保护。例如，智能照明系统可以根据室内光线自动调节亮度，减少能源浪费；智能温控系统可以根据室内外温差自动调节室内温度，降低能耗；智能通风系统可以实时监测室内空气质量，并根据需要自动开启空气净化功能。同时，数字化室内设计还可以采用环保材料和工艺，减少对环境的污染和破坏。在数字化室内设计中会更加注重环保和可持续性，通过优化设计和制造过程，降低产品的能耗和排放，实现绿色设计。

数字化室内设计注重提供高效、舒适的居住和工作环境。通过智能环境设计和系统集成管理，可以实现室内环境的自动调节和优化，减少居住者的手动操作，提高生活和工作效率。数字化室内设计还可以根据居住者的需求和喜好，定制个性化的舒适体验，如音乐、影视、游戏等娱乐功能的整合，使居住者在享受便捷服务的同时，获得愉悦的生活体验。

数字化室内设计具有强大的信息交换功能。通过互联网技术，室内设备可以与外部世界进行实时通信和数据交换。例如，智能家电可以通过手机 App 进行远程控制，智能安防系统可以实时推送安全信息给居住者。此外，数字化室内设计还可以实现居住者之间的信息共享和交流，如智能家居设备的互联互通、社交网络的嵌入等，使居住空间成为一个充满活力的社区中心。

数字化室内设计可实现科技与艺术的融合。通过先进的数字化技术和艺术设计手段，创造出独特的视觉效果和艺术氛围。例如，利用虚拟现实技术，可以让居住者提前体验设计成果；利用 3D 打印技术，可以制造出具有创意和艺术价值的家居装饰品；利用光影效果和声学设计，可以营造出独特的空间氛围和听觉体验。

在教育和培训领域，数字化室内设计的应用前景更加广泛。通过虚拟现实、增强现实等技术，可以构建出真实的模拟环境，用于教学和实训。例如，在室内设计课程中，学生可以通过虚拟现实技术模拟真实的室内环境，进行设计和实践；在室内设计培训中，学员可以通过增强现实技术直观地了解各种材料和工艺的应用效果，从而提高学习效率和质量。

通过引入人工智能和机器学习等技术，还可以使数字化室内设计更加智能化，能够自动完成部分设计任务和优化设计工作。

1.1.2 数字化室内设计的发展历程

数字化室内设计的发展历程是一个技术变革驱动行业演进的历史。其不仅是从传统手绘到数字工具的简单迭代，更是一场深刻的设计范式变革，它彻底重构了设计师的思维方式、工作流程乃至整个行业的生态系统，这一演进过程大致经历了五个主要阶段。

（1）计算机辅助绘图时代（1980~1990 年）

这场数字革命的序幕由 CAD 技术拉开。AutoCAD 等软件的诞生，让设计师们告别了绘图板、丁字尺和针管笔的束缚。数字化制图带来的不仅是工具革新，更开创了全新的工作范式：图纸元素可以无限复制、精准修改、电子存储和快速打印。这种转变将设计效率提升到前所未有的高度——过去需要重绘整张图纸，现在只需轻点鼠标；曾经难以避免的人为误差，被计算机的毫米级精度取代。更重要的是，电子文件的便捷共享为跨地域协作铺设了道路。然而这一阶段的数字化仍停留在二维层面，设计师仍需依靠强大的空间想象力在平面图纸与三维空间之间进行思维转换。

（2）三维可视化时代（1990~2010 年初）

随着 3DS MAX、SketchUp 等三维软件的普及，设计表达迎来了质的飞跃。设计师不再局限于平面图纸，而是能够构建完整的三维数字模型，通过 V-Ray 等渲染引擎呈现出逼真的空间效果。这种可视化革命彻底改变了设计沟通的方式：业主第一次能够直观地"看见"未来居所的模样。高质量效果图迅速成为设计公司的核心竞争力，同时也让设计验证前置化——在虚拟空间中，管线碰撞、空间尺度等问题得以发现。但这一阶段仍存在显著局限：数小时的渲染等待耗时费力，且三维模型与施工图纸往往各自独立，任何设计变更都需要双重修改，极易产生混乱。

（3）建筑信息模型（BIM）时代（2010 年至今）

BIM 技术的兴起标志着数字化设计进入全新纪元。REVIT 等软件将简单的图形线条升级为富含工程信息的智能构件。一堵墙在 BIM 中不仅是几何形状，更包含了材料属性、结构性能、造价信息等丰富数据。这种数据化建模带来了革命性的工作流程：所有平立剖图纸、大样详图都源自同一中央模型，任何修改都能实现全局联动更新，彻底杜绝了传统设计中常见的图纸不一致的问题。更重要的是，BIM 构建的数字资产可以贯穿建筑全生命周期，为后续施工、运维阶段的数字化管理奠定基础。多专业协同设计也因 BIM 平台而成为可能，建筑、结构、机电各专业能够在统一环境中实时协调，大幅减少工程冲突。此外，BIM 模型自动生成的材料清单和造价估算，为项目成本控制提供了精准依据。

（4）实时渲染与沉浸体验时代（2010 年末至今）

Enscape、Lumion 等实时渲染引擎的出现，将设计表现推向新的高度。设计师在建模过程中就能看到近乎最终效果的场景呈现，实现了真正的"所见即所得"。VR/AR 技术的融入更创造了沉浸式的体验革命：业主可以戴上 VR 设备"走进"尚未建成的空间，感受真实尺度的空间体验；或者通过 AR 技术将虚拟家具叠加到现实环境中进行摆放测试。这种技术融合不仅加速了设计决策过程，更彻底改变了设计交付方式。云端实时评审让跨地域协作变得轻而易举，沉浸式体验则大幅提升了客户参与度和满意度，为设计营销开辟了新维度。

（5）人工智能生成设计（AIGC）时代（2020 年至未来）

当前的人工智能浪潮，正在重新定义设计的本质。Midjourney 等 AIGC 工具让设计师只需输入文字描述，就能在瞬间获得大量高质量概念方案。AI 不仅能生成创意灵感，更能基于客观数据优化空间布局，自动完成施工图深化、工程量统计等烦琐工作。这种变革将设计师从重复性劳动中解放出来，使其能够更专注于创意构思和策略决策。AI 带来的不仅是效率提升，更开启了前所未有的设计可能性——它能够突破思维定式，生成超乎想象的设计方案，同时又能精准捕捉用户的个性化需求。这一趋势正在重塑设计师的角色定位，使其从传统意义上的"创作者"转变为"AI 指令员"和"创意决策者"。

展望未来，数字化室内设计将走向多技术深度融合的新纪元。我们正在迈向这样一个未来：设计师在云端 BIM 平台上，通过自然语言与 AI 助手对话，快速生成并优化设计方案；业主则通过 VR 设备沉浸式体验多个备选方案，实时反馈调整意见；所有设计数据无缝对接施工和运维系统，实现真正意义上的数字化全流程。这种技术融合将创造出前所未有的设计体验——高效、直观、个性化，彻底重塑建筑环境的创造方式。在这个快速演进的时代，唯有持续地技术创新，才能在设计领域的变革浪潮中把握先机。

1.2 数字化室内设计思维培养

在当今这个数字化浪潮汹涌的时代，室内设计行业也正经历着深刻的变革。数字化室内设计思维作为这一变革的核心驱动力，不仅改变了设计师的创作方式，也深刻影响了室内设计的全过程。它融合了前沿科技，强调精准表达、客户体验、数据决策、人性化关怀以及持续创新，为室内设计领域注入了新的活力与可能性。

数字化室内设计思维是将数字化技术、设计理念与客户需求三者紧密结合，通过技术创新与流程优化，实现设计过程的智能化、高效化、个性化与可持续化。它要求设计师具备跨领域的知识结构，能够灵活运用数字化工具，以全新的视角审视和解决设计问题。

数字化室内设计思维首先体现在技术的广泛融合与应用上。这包括但不限于 CAD 绘图、BIM 建模、VR、AR、人工智能等前沿技术。设计师需熟练掌握这些技术，并将其无缝融入设计流程中，以提升设计效率、精准度和用户体验。

在数字化室内设计思维的影响下，设计的精准表达成为可能。通过 3D 建模、高清渲染等技术手段，创造出逼真的设计方案，精准展现空间布局、材质质感、光影效果等。客户体验是数字化室内设计思维的核心关注点之一。

数字化室内设计思维是室内设计行业未来发展的必然趋势。它要求设计师不仅具备扎实的专业知识和技能，还需具备跨领域的思维能力和创新意识。在数字化技术的助力下，设计师能够创造出更加精准、高效、个性化且具有人文关怀的室内设计方案，为人们的生活和工作带来更加美好的体验。

1.2.1 多元化的思维路径

数字化室内设计不仅改变了传统的设计流程与手段，更促使设计思维向多元化、前瞻性的方向拓展。数字化不仅为设计师提供了强大的工具支持，更激发了前所未有的创新思维路径。

（1）数字技术基础特征

数字化室内设计通过运用 CAD、SketchUp、Revit 等计算机辅助设计软件，极大地提高了设计效率。设计师可以快速绘制二维图纸，构建三维模型，并进行修改和优化，大幅缩短了设计周期。数字化技术可以精确控制设计的每一个细节，包括尺寸、比例、材料质感等，从而确保设计方案在实际施工中的准确性和可行性。数字化室内设计将设计方案以三维图像或虚拟现实的形式呈现出来，使客户能够直观地看到设计效果。这种可视化设计方式有助于客户更好地理解和感受设计方案，提高其对设计方案的满意度。通过 AR 和 VR 技术，数字化室内设计还实现了设计方案与用户的互动。用户可以在虚拟环境中漫游、体验设计方案，甚至对设计方案进行实时修改和调整，增强了设计的参与感和体验感。随着人工智能技术的发展，数字化室内设计也朝着智能化的方向发展。智能材料、智能家居系统等的应用，使得室内空间能够根据用户的需求和环境的变化自动调整及优化，提高了居住的舒适度和便利性。

数字化室内设计需要多学科知识的交叉融合。设计师往往需要与计算机科学家、环境工程师、材料科学家等跨学科专家紧密合作，共同推动数字化室内设计的发展和创新。这种跨学科合作不仅拓宽了设计的思路和视野，还提高了设计的综合性和创新性。

数字化室内设计以其高效性、精准性、可视化、互动性、数据驱动、智能化、个性化、绿色环保以及跨学科合作等特征，成为现代设计领域的主流趋势。

（2）创新思维培养

在数字化时代，创新成为推动行业发展的关键动力。因此，培养数字化室内设计的创新思维显得尤为重要。培养数字化室内设计的创新思维需要建立对多种技术的融合认知，如 3D 建模、AR、VR 等前沿技术，理解它们如何在室内设计中发挥作用，并思考如何将这些技术有机融合，以创造出更具创新性和实用性的设计方案。

数据驱动设计是数字化时代的重要特征之一，其利用大数据分析用户行为、环境数据等信息（图 1-1），从数据中挖掘设计灵感和需求点。通过数据分析，可以更准确地把握市场趋势和用户偏好，进而设计出更符合市场需求和用户需求的作品。

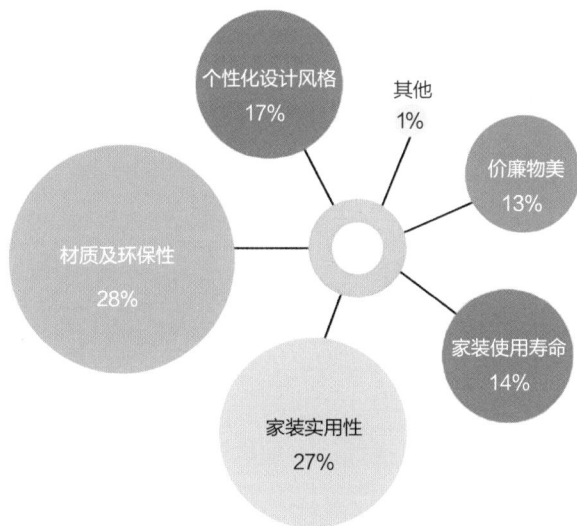

图 1-1 数据分析

如今用户对个性化定制的需求日益增长，设计师应树立个性化定制的思维模式，关注用户的个性化需求和偏好，通过技术手段实现设计方案的定制化。这不仅能提升用户的满意度和归属感，还能在市场中形成独特的竞争优势。

可持续设计是当前室内设计领域的重要趋势之一。可持续设计不仅关注环境与资源的可持续性，还涵盖社会和文化的可持续性。它要求人和环境的和谐发展，即设计既能满足当前需求，又能减少对自然资源的消耗和对环境的负面影响，同时促进机会公平和文化的传承与发展。设计师应深刻理解可持续设计理念的内涵和意义，将环保、节能、可循环利用等要素融入设计方案中。通过可持续设计，设计师可以为用户创造更加健康、舒适的居住环境，同时促进节约资源和保护环境。

数字化时代还要求团队协作更加高效和灵活，利用云计算、在线协作平台等技术手段，实现团队成员之间的无缝协作和资源共享。同时，建立开放、包容的团队协作氛围，鼓励团队成员之间的交流和分享，共同推动设计创新。

创新思维是数字化室内设计不断前进的动力源泉。设计师需要打破传统设计思维的束缚，敢于尝试新的设计理念、技术手段和材料应用。通过不断学习新知识、关注行业动态、参与设计竞赛和交流活动等方式，拓宽视野、激发灵感，从而在设计中融入更多的创新元素。

（3）空间理解与表达

空间（图1-2）作为存在的基本形式之一，既是物质存在的广延性❶，也是思维活动的广阔舞台。在设计、艺术、科学及日常生活中，对空间的理解与表达至关重要，这个过程往往经历从抽象到具象的转变。数字化室内设计强调对空间的深刻理解与精准表达，这需要设计师具备敏锐的空间感知能力和丰富的想象力，能够将抽象的设计概念转化为具象的室内空间布局。通过精确的比例控制、合理的功能分区、流畅的动线设计等手段，创造出既美观又实用的室内环境。

图1-2　空间表达

① 空间的抽象理解

a.概念界定。在抽象层面，空间首先是一个概念，它描述了物体存在、运动和变化的广延性。这种广延性不仅指物理上的三维立体空间，还包括心理空间、虚拟空间等不同维度的空间形态。

b.维度认知。理解空间时，维度是一个核心概念。从一维的线、二维的面到三维的体，直至更高维度的超空间，每个维度都代表了空间特性的不同面向。这种维度的认知可以帮助人们在抽象层面构建对空间的基本框架。

c.逻辑关系。空间中的物体不是孤立存在的，它们之间存在着位置、距离、方向（图1-3）等逻辑关系。这些关系构成了空间的基本结构，也是人们在抽象层面理解空间的重要基础。

---

❶ 广延性：物质或存在物在空间中的延展或占据空间的属性。

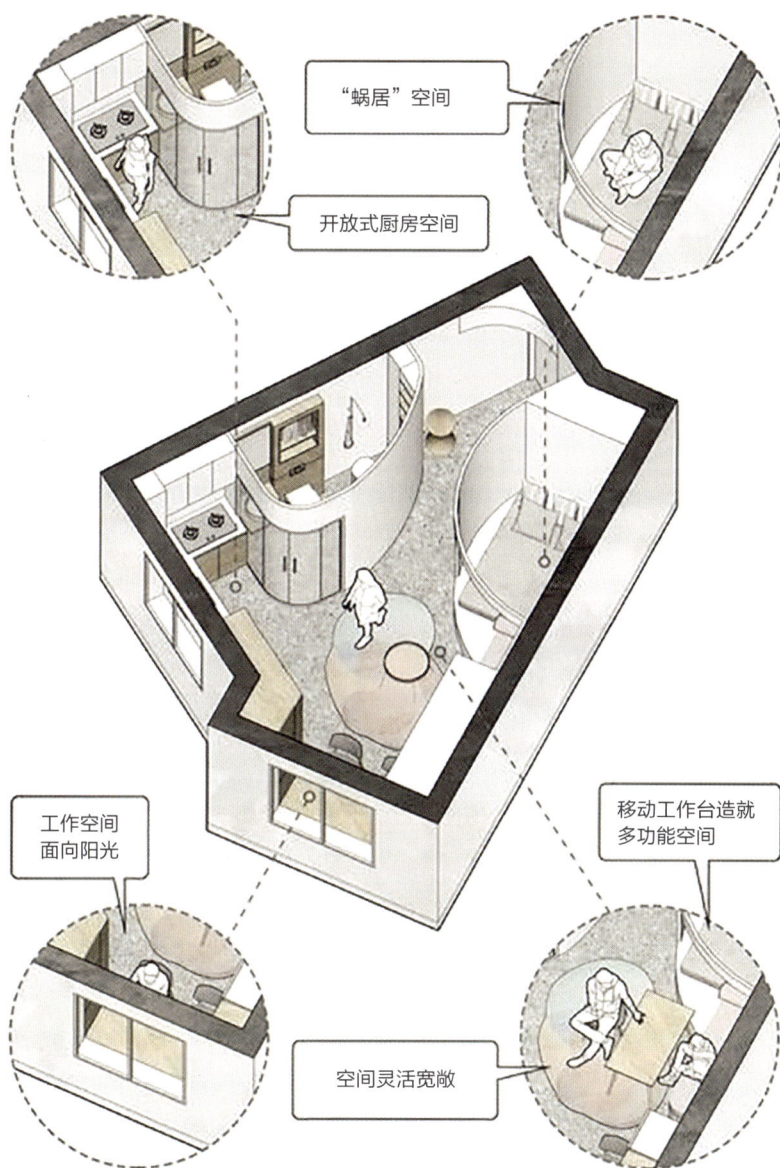

"蜗居"空间

开放式厨房空间

工作空间
面向阳光

移动工作台造就
多功能空间

空间灵活宽敞

图 1-3 空间构成关系

② 空间的具象表达

a. 视觉呈现。将抽象的空间概念具象化，最直接的方式就是通过视觉呈现。设计师、艺术家等通过线条、色彩、形状等视觉元素，将空间以二维或三维的形式展现出来。这种呈现不仅让观众能够直观地感受到空间的存在，还能通过视觉语言传达空间的情感和氛围。

b. 功能布局。在建筑设计、室内设计等领域，空间的具象表达还体现在功能布局上。设计师根据空间的使用需求，将不同的功能区域进行合理的划分和安排，使空间既满足实用性又具有美感。这种布局方式体现了设计师对空间功能的深入理解和精准表达。

c. 材料与质感。材料与质感是空间具象表达中不可或缺的元素。不同的材料具有不同的质感、色彩和纹理，这些特性能够直接影响空间的氛围和人的感受。应通过选择合适的材料和运用恰当的质感处理手法，进一步丰富空间的表现力，使其更加生动、具体。

d. 交互体验。随着科技的发展，空间的具象表达已不仅局限于视觉和触觉层面。交互设计使得空间能够与使用者产生互动，通过声音、光线、气味等多种感官刺激，为使用者提供更加丰富、立体的空间体验。这种交互体验不仅增强了空间的趣味性和吸引力，还进一步拓展了空间表达的可能性。

（4）从抽象到具象的转化过程

从抽象到具象的转化过程是一个复杂的思维活动过程。在这个过程中，需要先对空间进行深入的抽象理解，明确其概念、维度和逻辑关系。然后运用视觉呈现、功能布局、材料与质感及交互体验等多种手段，将抽象的空间概念具象化为可感知、可体验的实际空间。这个过程需要设计师具备丰富的想象力、创造力和实践能力，以及对空间深刻的理解和敏锐的洞察力。

空间的理解与表达是一个从抽象到具象的逐步深化过程。在这个过程中，需要不断探索和尝试新的表达方式与手段，以更加丰富、多元的方式展现空间的魅力和价值。

（5）细节与质感的呈现

设计作为一门融合了艺术、科学与技术的创造性活动，其精髓往往体现在对细节的极致追求与质感的精妙呈现上（图1-4）。细节之处见真章，质感则是设计作品传达品质与情感的关键。在数字化室内设计中，应注重对细节和质感的精准把控。通过精心挑选材料、精细处理纹理、精确控制色彩搭配等方式，营造出既精致又高雅的室内氛围。同时，还应关注室内空间的整体协调性，确保各个细节元素之间相互呼应、和谐统一。

细节元素是设计中的点睛之笔，它们虽小却往往能决定设计的成败。设计师需具备敏锐的观察力与创造力，从日常生活中的点滴细节中汲取灵感，将其融入设计中。无论是精致的图案、巧妙的装饰还是独特的结构设计，都能成为提升设计质感的关键元素。

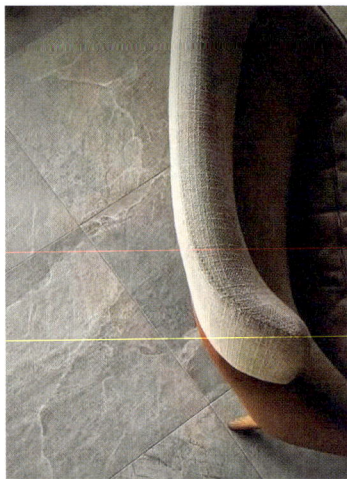

图1-4　细节与质感

① 造型与比例是设计美学的重要组成部分。良好的造型与比例关系能够使设计作品更加和谐美观，给人留下深刻的印象。掌握基本的造型原理与比例法则，如对称、平衡、重复、渐变等，并将其灵活运用到设计中。同时，还需考虑设计作品与周围环境的关系，确保其在整体环境中的协调与统一。

② 工艺制作精度是衡量设计作品质量的重要标准之一。精湛的工艺制作不仅能够确保设计作品的完美呈现，还能彰显设计师的专业素养与追求完美的态度。从材料的选择与处理到加工制作的每一个环节，都需要严格把控质量关，确保每一个细节都达到最佳状态。

③ 色彩是设计的灵魂，能够直接触动人心，传达情绪与氛围。合理的色彩搭配不仅能提升设计作品的视觉吸引力，还能增强整体的和谐与统一。根据设计主题、目标受众及场景需求，精心挑选色彩并巧妙搭配，形成独特的色调风格。通过对比色、邻近色、互补色等色彩关系的运用，营造出丰富的视觉层次与情感表达。

④ 材质是设计质感的基础，不同材质具有不同的质感特性，如温暖、冷峻、柔软、坚硬等。深入了解各种材质的特性，包括其外观、触感、耐久性等方面，以便在设计中做出恰当的选择。同时，巧妙运用材质的对比与融合，能够创造出丰富的视觉效果与触感体验，提升设计的品质感与层次感。纹理是材质表面特征的表现，它增加了设计的视觉深度与触感体验。通过自然纹理的模仿、人造纹理的创造或不同纹理的叠加等方式，为设计作品增添丰富的细节与层次感。合理的纹理处理不仅能让设计更加生动有趣，还能增强作品的质感与真实感。

⑤ 照明设计是营造设计氛围、增强设计质感的重要手段。合理的照明布局不仅能够照亮空间，还能通过光影的变化与对比，营造出丰富的视觉效果与情感氛围。根据设计主题与场景需求，选择合适的照明方式与灯具类型，通过光影的巧妙运用来增强设计的质感与层次感。

设计的细节与质感呈现是一个涉及多个方面的复杂过程。通过造型与比例考量、工艺制作精度、色彩搭配与色调、材质选择与运用、纹理处理与层次以及照明设计增强等方面的综合运用，能够创造出既美观又富有质感的设计作品，为人们带来更加美好的视觉与情感体验。

（6）跨界创新思维融合应用

数字化室内设计在跨界创新思维的驱动下，使设计师不再局限于室内设计的传统范畴，而是积极与其他领域（如艺术、科技、文化等）进行跨界合作，吸收不同领域的灵感与智慧，为设计注入新的活力。跨界合作与灵感启发是激发创新思维的有效途径，通过跨界合作，可以引入新的视角和思维方式，从而拓宽设计思路，创造出更具创新性的设计作品。

通过跨界融合，能够创造出更具创新性和前瞻性的设计方案，满足市场对于多元化、个性化设计的需求。积极吸收其他领域的优秀元素和理念，创造出更加独特、富有创意的室内空间。跨界融合不仅有助于提升设计的附加值和市场竞争力，还能够满足用户对于多元化、个性化设计的需求。

在设计与创意领域，跨界创新思维不仅是一种方法论，更是一种推动行业进步与革新的强大力量。它促使不同领域的设计元素、技术手段、文化理念相互碰撞、交融，从而创造出前所未有的设计成果与用户体验。

① 设计理念的跨界融合。设计理念的跨界融合是设计的灵魂所在。传统与现代、东方与西方、艺术与科技等不同设计理念的交织，为设计作品注入了新的生命力和创造力。通过吸收并融合多种设计理念，打破固有思维模式，创造出既具有文化底蕴又不失时代感的设计作品。例如，将传统手工艺与现代设计美学相结合，创造出既复古又时尚的产品；或将自然元素与科技元素相融合，设计出既环保又智能的生活空间。

② 设计元素的跨界融合。设计元素的跨界融合是设计创新的重要手段。不同领域的设计元素，如色彩、形状、材质、图案等，通过跨界融合可以产生新的视觉效果和情感体验。可以

将不同文化背景下的设计元素进行巧妙融合，创造出具有独特魅力的设计作品。例如，将传统纹样与现代图形设计相结合，形成具有民族特色的图案；或将自然界的形态与工业产品的形态相结合，设计出既自然又实用的产品。

③ 跨界知识融合。在数字化室内设计中，跨界知识融合是培养创新思维的基础。设计师不仅需要掌握室内设计的基本原理和技能，还需要广泛涉猎建筑学、艺术学、心理学、计算机科学、环境科学等多个领域的知识。通过跨学科的学习与交流，能够拓宽视野，打破思维定式，为设计创作注入新的灵感和元素。因此，教育机构应构建多元化课程体系，鼓励学生跨学科选课，促进知识的融合与碰撞。

④ 技术的跨界融合。技术的跨界融合为设计带来了无限可能。随着科技的飞速发展，新技术如人工智能、VR、AR 等正逐步渗透到设计领域，为设计提供了新的表现手段和交互方式。设计师通过跨界融合不同领域的技术，创造出更加智能化、个性化、高效化的设计作品。例如，利用人工智能技术分析用户行为数据，为用户提供定制化的设计方案；或利用 VR 技术让用户身临其境地体验设计成果，增强用户的参与感和满意度。

⑤ 市场与用户跨界。市场与用户跨界是设计成功的关键。在跨界创新的过程中，需要深入了解不同市场的需求和用户的喜好，通过跨界合作和跨界营销等方式，将设计作品推向更广阔的市场。同时，还需要关注用户的使用反馈和体验感受，不断优化设计作品以满足用户的需求。例如，与不同行业的品牌进行跨界合作，共同推出联名款产品以吸引更多消费者；或通过社交媒体等渠道收集用户反馈，及时调整设计策略以提升用户体验。

⑥ 产业链协同跨界。产业链协同跨界是推动设计产业整体升级的重要途径。在跨界创新的过程中，设计产业需要与其他相关产业紧密合作与协同，共同推动产业链的优化升级。例如，设计师可以与制造商、供应商等产业链上下游企业合作，共同研发新产品、优化生产流程、提升产品质量等；或与设计教育机构、研究机构等合作，共同培养跨界设计人才、推动设计理论研究与创新实践等。

跨界创新思维在设计与融合中的应用是多方面的、深层次的。它要求设计师具备开阔的视野、敏锐的洞察力、创新的精神和跨界的能力，通过不断探索与实践，推动设计产业不断向前发展。

数字化室内设计跨界创新思维的培养是一个系统工程，通过跨界知识融合、数字技术应用、用户需求洞察、创新思维激发、实践教学平台、团队协作与沟通以及教学模式创新等多方面的努力和实践，可以为培养适应未来行业需求的设计师奠定坚实的基础。

（7）数据分析驱动

数字化室内设计数据分析驱动是借助先进的技术手段和数据分析方法，为室内设计提供更为精准、高效和个性化的解决方案。数字化室内设计强调数据分析在决策过程中的重要性。利用大数据、人工智能等技术手段，收集并分析设计过程中的各类数据，如用户行为数据、环境数据、材料性能数据等。通过对这些数据的深入挖掘与分析，设计师能够更加科学地评估设计方案的可行性和效果，为设计决策提供有力的支持。

① 数据驱动的室内设计流程

a. 数据采集。通过多样化的渠道收集用户数据，包括但不限于用户的行为数据、偏好数据、生活习惯数据以及室内空间的基础数据（如尺寸、结构、光照条件等）。这些数据可以通过问卷调查、用户访谈、传感器监测、网络爬虫等多种方式获取。

b. 数据分析。运用大数据分析技术，对采集到的数据进行深度挖掘和分析。通过算法模型，识别用户的潜在需求和偏好，预测设计趋势，为设计决策提供科学依据。数据分析的结果可以揭示用户的真实需求，帮助设计师更准确地把握设计方向。

c. 设计优化。基于数据分析的结果，对设计方案进行迭代和优化。设计师可以根据用户的个性化需求，调整设计方案中的色彩搭配、材质选择、布局规划等细节，以创造出更符合用户期望的室内环境。

d. 效果评估。在设计方案实施后，通过收集用户反馈和监测空间使用情况，对设计效果进行评估。利用数据分析技术，可以量化设计成果，评估其是否达到预期目标，并为未来的设计改进提供参考。

② 数据分析驱动的优势

a. 精准定位用户需求。通过数据分析，设计师可以更准确地把握用户的真实需求和偏好，从而设计出更符合用户期望的室内环境，这有助于提高用户满意度。

b. 提高设计效率。数字化设计工具的应用使得设计师可以更快地生成设计方案并进行修改和优化。同时，数据分析技术的应用也使得设计决策更加科学、高效。

c. 个性化定制服务。基于数据分析的结果，设计师可以为用户提供个性化的定制服务。无论是色彩搭配、材质选择还是空间布局，都可以根据用户的个人喜好和需求进行灵活调整。

d. 优化空间利用。通过数据分析，设计师可以更好地理解室内空间的使用情况和潜在需求，有助于优化空间布局和利用效率，提高室内环境的舒适度和实用性。

e. 持续改进和创新。数据分析驱动的室内设计流程是一个持续迭代和优化的过程。通过不断收集用户反馈和监测设计效果，设计师可以及时发现问题并进行改进和创新，以提升设计品质和服务水平。

f. 案例分析。以某家居品牌为例，该品牌利用 VR 和 AR 技术，为消费者提供沉浸式的家居设计体验。消费者可以通过 VR 眼镜在线浏览各种家居设计方案，并通过 AR 技术在自己家中预览家具的实际摆放效果。这种创新的技术应用不仅提高了设计效率，还增强了消费者的参与感和满意度。同时，该家居品牌还通过数据分析技术收集用户反馈和行为数据，不断优化设计方案和服务流程，以提供更加个性化、高品质的家居产品和服务。

（8）个性化与定制化

通过融合先进的技术手段与创新设计理念，数字化室内设计致力于实现空间的个性化与定制化，满足用户日益增长的个性化需求。在数字化技术的支持下，设计师能够根据用户的个性化需求和偏好，量身定制出独特的设计方案。无论是空间布局、色彩搭配还是家具选择，都能够实现高度的个性化和定制化。这种设计理念不仅满足了用户对于独特性和差异化的追求，也提升了设计的附加值和市场竞争力。

① 个性化需求分析。个性化设计的首要任务是深入理解用户的个性化需求。这包括用户的生活习惯、兴趣爱好、文化背景以及功能需求等多方面因素。通过问卷调查、用户访谈、大数据分析等手段，设计师能够精准捕捉用户的个性化需求，为后续设计提供有力的依据。

② 模块化与参数化设计。模块化与参数化设计（图 1-5）是实现个性化定制的重要手段。模块化设计是指将室内空间划分为若干个可独立更换的模块，用户可以根据自己的喜好和需求，自由组合搭配不同的模块。参数化设计允许设计师根据用户的具体需求，调整设计的尺寸、比例、材料等参数，实现更加精准的定制化设计。这种设计方式不仅提高了设计效率，还极大地增强了设计的灵活性和可变性。

图 1-5　模块化与参数化设计

③ 智能交互体验。数字化室内设计注重为用户带来智能便捷的交互体验。通过智能家居系统、智能照明、智能温控等技术的应用，用户可以轻松实现对室内环境的远程控制和管理。同时，设计师还可以根据用户的习惯和偏好，定制个性化的交互界面和操作流程，使室内空间更加贴近用户的生活需求。

④ 虚拟现实预览。VR 技术的应用为用户提供了前所未有的设计预览体验。在 VR 环境中，用户可以身临其境地感受设计方案的实际效果，从多个角度观察室内空间的布局、色彩、材质等细节。这种预览方式不仅减少了设计过程中的沟通成本和修改次数，还提高了用户的参与感和满意度。

⑤ 绿色可持续材料的选择。个性化与定制化设计应注重绿色可持续材料的使用。优先考虑环保、低碳、可回收的材料，以减少对自然资源的消耗和对环境的污染。同时，通过优化材料的使用和循环利用，实现室内空间的可持续发展。

⑥ 定制化家具设计。家具作为室内空间的重要组成部分，其定制化设计对于实现整体空间的个性化与定制化至关重要。可以根据用户的身材尺寸、生活习惯和审美偏好，定制专属的家具产品。这些家具不仅具有独特的外观和风格，还能完美融入室内空间的整体设计中，提升空间的品质和舒适度。

⑦ 细节与个性化装饰。细节决定成败。在数字化室内设计中，设计师应关注每一个细节的处理和装饰的个性化表达。从墙面的纹理、色彩的搭配到软装的选择、摆件的布置等各个方面，都要体现出用户的个性化和品位。通过精心设计的细节和个性化的装饰元素，营造出独特而富有魅力的室内空间。

⑧ 后期维护与更新。数字化室内设计还应关注室内空间的后期维护与更新。随着用户需求和审美的变化，室内空间也需要进行相应的调整和优化。为用户提供便捷的维护和更新方案，如模块化设计的便捷更换、智能系统的远程升级等。同时，还应关注材料的老化和设备的维护等问题，确保室内空间始终保持最佳状态。

数字化室内设计中的个性化与定制化设计理念涵盖了从需求分析到后期维护的全过程。通过运用先进的技术手段和创新的设计理念，设计师能够为用户打造出既符合个性化需求又具有高品质、高舒适度的室内空间。

（9）动态迭代优化

在数字化室内设计领域，动态迭代优化是一种高效且灵活的设计方法，它强调在设计过程中不断收集反馈、调整方案，并通过多次迭代来达到最佳的设计效果。这个过程不仅提高了设计的精准度和用户满意度，还促进了设计思维的创新性发展。在设计实施过程中，设计师会不断收集用户反馈和意见，并根据实际情况进行方案的调整和优化。这有助于确保设计方案的实施效果符合预期目标，并能够在实践中不断改进和完善。通过不断迭代和优化，设计师能够不断提升自己的设计水平和创新能力，为市场提供更加优秀的设计作品。

① 需求分析与定义。一切设计始于需求。在数字化室内设计的初期阶段，设计团队需与用户深入沟通，全面了解其需求、偏好、功能要求以及预算限制等。通过问卷调查、访谈、现场勘查等方式，收集并整理相关信息，形成清晰、明确的需求分析报告。在此基础上，进一步定义设计目标，为后续的设计工作奠定坚实基础。

② 初步方案设计。基于需求分析的结果，设计团队着手进行初步方案设计。这一阶段，可运用数字化设计软件和技术，如 CAD、SketchUp 等三维建模软件及 3D 渲染技术，快速构建出室内空间的三维模型，并尝试不同的色彩搭配、材质选择、布局规划等方案。初步方案的设计应尽可能全面地展现设计理念和创意，为后续的优化调整提供丰富的素材和灵感。

③ 用户反馈收集。初步方案设计完成后，设计团队需及时将方案呈现给用户，并邀请其提出意见和建议。通过用户访谈、问卷调查、在线讨论等多种方式，广泛收集用户反馈。这些

反馈不仅涵盖了用户对设计方案的整体评价，还可能包括具体的修改建议和改进意见。设计团队应认真倾听用户的声音，确保反馈的真实性和有效性。

④ 设计优化调整。根据用户反馈，设计团队开始对初步方案进行优化调整。这个过程可能涉及对色彩、材质、布局等方面的微调，也可能需要对整个设计方案进行大刀阔斧的修改。设计团队需充分考虑用户的意见和建议，同时结合自身的专业知识和设计经验，做出科学合理的调整决策。通过不断优化调整，设计方案逐渐趋于完善。

⑤ 再次迭代验证。经过优化调整后的设计方案需进行再次迭代验证。设计团队可以利用VR或AR技术，为用户提供沉浸式的预览体验，让用户更直观地感受设计方案的实际效果。同时，也可邀请更多的用户参与验证过程，收集更广泛的反馈意见。通过再次迭代验证，设计方案得以进一步完善和优化。

⑥ 方案确定与实施。经过多次迭代验证后，设计方案逐渐趋于成熟和稳定。此时，设计团队需与用户共同确定最终方案，并着手实施工作。在实施过程中，设计团队需密切关注施工进度和质量，确保设计方案能够按照既定要求实现。同时，还需与用户保持密切沟通，及时解决施工过程中出现的问题和困难。

⑦ 效果评估与反馈。设计方案实施完成后，设计团队需对设计效果进行全面评估。通过对比设计方案与实际效果之间的差异，分析设计方案的优缺点和存在的问题。同时，设计团队还需邀请用户参与效果评估过程，收集其对设计效果的满意度和反馈意见。这些反馈意见对于设计团队来说具有重要的参考价值，有助于其不断改进和提升设计水平。

数字化室内设计的动态迭代优化流程是一个不断循环、持续改进的过程。通过这个流程的实施，能够更准确地把握用户需求和市场趋势，创造出更加符合用户期望的室内空间设计方案。

1.2.2 图形分析的思维方式

在数字化时代，室内设计越来越多地借助图形分析技术来深化设计思维、优化设计方案。图形分析作为一种直观、高效的思维方式，贯穿于数字化室内设计的全过程。图形分析是一种系统性的思维方法，它涉及对图形进行深入解读和剖析，以揭示其内在的逻辑、结构和意义。草图运用、视觉思考、图解思考、抽象表达、图形分析方法、形象转化以及验证与激励等方面，共同构成了图形分析的框架和过程。

（1）草图运用

草图是图形分析思维的参考依据。通过手绘或数字草图的方式，快速记录设计灵感和思路，并不断进行迭代和优化。草图不仅有助于及时捕捉和整理设计想法，还能为后续的图形分析和设计方案提供宝贵的参考依据。在数字化室内设计中，可以利用iPad、手绘板等数字工具进行草图绘制和编辑，提高草图的质量和绘制效率。

（2）视觉思考

视觉思考是图形分析思维的基础。通过仔细观察和分析室内空间的实际状况、光影变化、材质质感等视觉元素，激发设计灵感和创意。在数字化环境中，可以运用各种视觉设计软件和技术手段，如 3D 建模、渲染等，将抽象的设计想法转化为直观的视觉形象，从而更清晰地表达设计意图。

（3）图解思考

图解思考是将设计思维转化为图形化表达的过程。通过绘制平面图、立面图、剖面图、透视图等，系统地展示室内空间的布局、结构、功能分区等关键信息。图解不仅有助于设计师厘清设计思路、明确设计目标，还能为后续的图形分析和优化提供基础。在数字化环境中，可以利用 CAD、SketchUp 等软件进行图解绘制和编辑，提高图解的准确性和效率。

（4）抽象表达

抽象表达是图形分析思维的高级阶段。通过简化、概括和提炼设计元素和形式，将其转化为具有象征意义和表现力的抽象图形。这种抽象表达不仅有助于设计师更深入地理解设计对象的本质特征，还能为设计带来独特的视觉风格和情感表达。在数字化室内设计中，可以利用图形设计软件中的滤镜、特效等工具，对图形进行抽象化处理，创造出富有创意的设计效果。

（5）图形分析方法

图形分析方法是图形分析思维的核心。运用各种图形分析工具和技术手段，对设计方案进行深入剖析和评估。这些方法包括对比分析、空间分析、流线分析等，旨在发现设计方案中的潜在问题、优化空间布局、提升用户体验。在数字化环境中，可以利用 BIM（建筑信息模型）等先进技术进行图形分析，实现设计信息的集成化和智能化管理。

（6）形象转化

形象转化是将图形分析思维成果转化为实际设计作品的过程。根据图形分析的结果和优化后的设计方案，运用各种材料和工艺手段，将设计想法转化为具体的室内空间形态。在这个过程中，需要密切关注施工过程中的细节和变化，及时调整和完善设计方案，确保设计成果的落地实施。

（7）验证与激励

验证与激励是图形分析思维的最后环节。通过用户反馈、市场检验等方式对设计成果进行验证和评估，以了解设计效果和用户满意度。同时，还应积极寻求外部激励和认可，如参加设计竞赛并获得设计奖项等，以激发设计热情和创造力，推动设计不断进步和创新。

数字化室内设计图形分析的思维方式为设计师提供了更加直观、高效和科学的设计手段。通过图形分析这个系统的思维方式，设计师能够更深入地理解设计对象、更准确地表达设计意图、更高效地优化设计方案。

1.2.3 对比优选的思维过程

设计思维是一种解决问题的创新方法，它通过深入理解用户需求、观察环境、创造新方案并不断迭代优化，从而创造出既满足用户需求又具有创新性的解决方案。对比优选的设计思维过程，是在多个设计方案中进行对比，以找出最优方案的过程。在数字化时代，室内设计师借助先进的数字技术和工具，能够更高效地进行方案构思、模拟测试与评估，从而选择出优秀的设计方案。

（1）需求明确与分析

一切设计的起点在于对需求的深入理解与分析。在数字化室内设计中，这个过程尤为重要。首先，设计师需要与客户深入沟通，明确其空间使用需求、风格偏好、功能要求及预算限制等关键信息。随后，需对这些需求进行系统性分析，确保后续设计工作的针对性和有效性。

在明确目标与需求的基础上，需要收集相关的信息和设计方案，包括查阅相关文献、案例研究、市场调研等，以获取尽可能多的设计方案和灵感。同时，还需要与团队成员、用户等相关利益方进行沟通交流，收集他们的意见和建议，以便更全面地了解设计方案的可能性。

（2）技术平台选择

根据设计项目的规模、复杂度及预算情况，需选择适合的技术平台，如CAD软件、3D建模工具、BIM平台等。这些平台将为设计师提供强大的技术支持，助力其高效完成设计任务。

（3）设计方案构思

在明确需求和技术平台后，结合自身的设计理念和创意，构思出多个设计方案。这些方案应充分考虑空间布局、色彩搭配、材质选择、光影效果等关键因素，力求在满足客户需求的同时，展现出独特的设计魅力。

（4）评估优劣

收集到足够的信息并构思多个方案后，需要进行方案的对比与分析。这个步骤包括对各个方案的优缺点进行分析，了解它们在不同方面的表现。同时，还需要对方案进行横向对比，找出它们之间的共同点和差异点，为后续的优化和创新提供依据。

在方案对比与分析的基础上，需要对各个方案的优劣进行评估。这包括从用户满意度、可行性、成本效益等方面对方案进行综合评价。同时，还需要对方案可能面临的风险进行预测和评估，以便制定应对措施，降低风险。

（5）成本效益评估

对方案的优劣进行评估后，需对每个方案进行详细的成本预算，包括材料费、施工费、人工费等各项开支。同时，还需考虑设计方案的经济效益和社会效益，如空间利用率、节能效果、用户体验等。通过综合评估，筛选出既符合客户需求又具有良好成本效益的设计方案。

（6）整合优化与创新

在评估优劣与风险后，需要对各个方案进行整合优化和创新。这个步骤包括对优秀方案进行吸收和借鉴，对不足之处进行改进和完善。同时，还需要结合创新思维和方法，创造出具有独特性和竞争力的设计方案。

（7）用户体验优化

从用户的角度出发，关注空间的功能性、舒适性、便捷性等方面，不断优化设计方案。通过模拟测试、用户调研等手段，收集用户反馈意见，及时调整设计方案中的不足之处，确保最终设计成果能够满足用户的实际需求和心理预期。

（8）制订实施计划

在整合优化与创新后，需要制订详细的实施计划。这包括对设计方案的实施步骤、时间节点、责任分工等进行明确和安排。同时，还需要考虑资源的配置和协调，以确保实施过程的顺利进行。

对比优选的设计思维过程是一个系统而严谨的过程，它需要设计师在明确目标与需求的基础上，收集信息与方案，进行对比与分析，评估优劣，进行整合优化与创新，并制订详细的实施计划。同时，还需要在实施过程中不断收集反馈并进行调整，以确保设计方案能够达到最佳效果。

1.2.4 室内设计的图形思维方法

室内设计中的图形思维方法是一种将设计理念转化为可视化形式的重要工具。通过图形思维，设计师能够更直观地表达空间布局、材质选择、色彩搭配等设计要素，从而更有效地与客户和施工团队进行交流。

（1）空间实体可视图形

空间实体可视图形（图 1-6）是指通过绘制三维立体图形或利用设计软件生成的三维模型，展示室内空间的形态、比例、结构等特征。这种可视化形式能够直观地呈现设计构思，帮助设计师更好地把握空间的整体效果。

图 1-6　空间实体三维模型

（2）抽象几何线平面图

抽象几何线平面图通过简洁的线条和几何形状，描绘出空间的布局和分区（图 1-7）。这种图形方式能够突出设计的重点，便于人们快速理解设计意图。

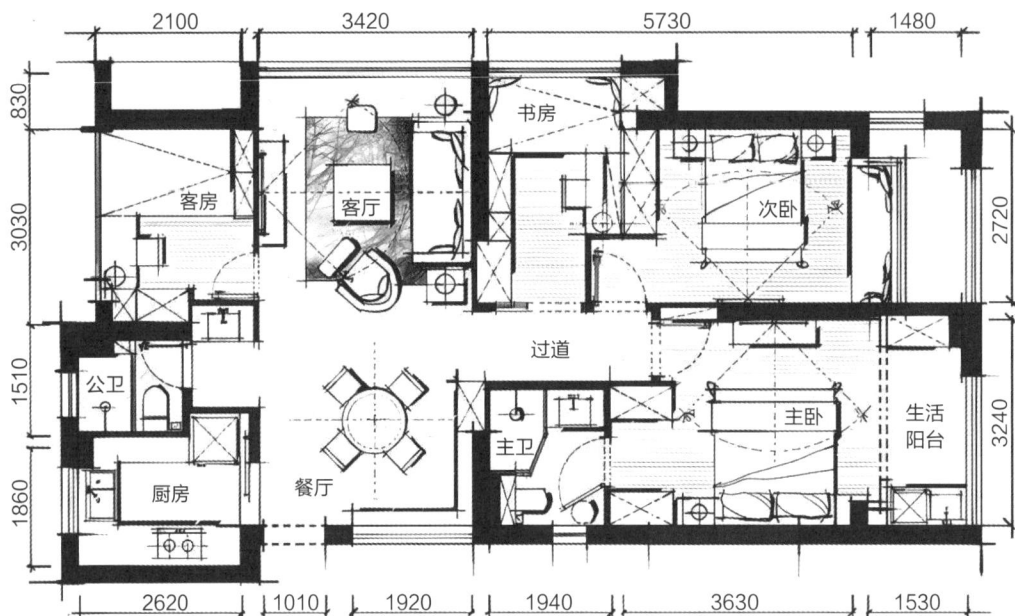

图 1-7　几何线平面图

（3）视觉思考与图解

设计师在思考设计问题时，往往会借助图形来辅助思维（图 1-8）。通过绘制草图、图解等方式，能够将抽象的思维具象化，进一步拓展设计思路。同时，图解也是一种有效的沟通工具，能够帮助设计师与客户、施工团队达成共识。

（4）图形表达与交流

图形表达与交流是指通过绘制详细的平面图、立面图、剖面图等，向客户和施工团队展示设计的细节及效果。同时，还可以利用图形进行设计方案的讨论和修改，确保设计满足各方的需求。

图 1-8　图形辅助思维

（5）图形方案深化与施工

在图形方案深化与施工阶段，需要将设计概念转化为具体的施工图和施工要求。通过绘制详细的施工图纸（图 1-9），明确空间的构造、材料选择、工艺要求等细节，确保施工团队能够准确理解并执行设计方案。同时，还应在施工过程中进行必要的监督和调整，确保设计效果的实现。

膨胀螺栓　镀锌钢板　建筑圈梁

镀锌槽钢（连接件）　镀锌槽钢

不锈钢螺栓

石材饰面

镀锌角钢　T 形不锈钢石材挂件

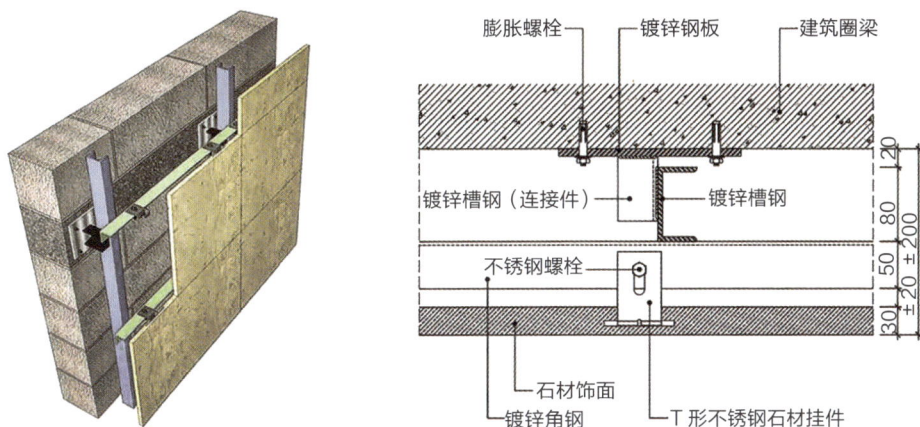

图 1-9　图形方案深化设计

(6) 设计语言与表达技巧

设计语言与表达技巧是提升图形思维效果的关键。设计师应掌握一定的图形绘制技巧和美学原理，以便能够用简洁、明了的图形语言表达复杂的设计构思（图 1-10）。同时，还应注重图形的色彩搭配、比例协调等方面，提升图形的视觉吸引力和表现力。

（7）美学价值与创造性

图形思维方法不仅有助于表达设计意图和进行沟通交流，还体现了设计的美学价值

图 1-10　图形语言

和创造性。通过巧妙地运用图形语言，可以创造出具有独特风格和个性的设计作品，提升室内空间的艺术感和品质感。

图形思维方法在室内设计过程中发挥着重要作用。通过运用空间实体可视图形、抽象几何线平面图、视觉思考与图解等图形表达方式，能够更直观地表达设计构思，并与客户、施工团队进行有效的交流和沟通。同时，图形思维方法还有助于提升设计的美学价值和创造性，为室内空间的设计与创造提供更多可能性。

1.3 数字化室内设计创意途径与表达

1.3.1 设计灵感

设计灵感是创意过程中涌现出的、激发设计思维的独特想法、图像、感觉或概念。它是

设计师在解决问题、提供新产品或服务时，大脑内部和外部因素相互作用产生的创造性思维火花。设计灵感可能源自个人的经验、情感、想象力，也可能来自对自然界、历史文化、科技发展、日常生活等各方面的深入观察和理解。

（1）突发性

设计灵感往往不是刻意追求就能得到的，它可能在不经意间，如在梦中、散步时、阅读书籍或观看电影时，突然获得一种新颖、独特且富有创造力的想法或构思。这种灵感的出现往往不是通过系统、逐步地推理或分析得来的，而是以一种突然、非预期的方式涌现的。

（2）多样性

设计灵感的来源是多种多样的，既可以是具体的实物、抽象的概念、情感的体验，也可以是科学技术的进步、社会现象的启示等。

（3）创新性

设计灵感是推动设计创新的关键因素。它提倡打破常规思维，挑战现有模式，以新颖、独特的方式解决问题，产生并运用新颖、独特、前所未有或重新诠释的想法、概念或方法来推动设计的发展，创造出具有差异化的设计作品。它决定了设计的独特性、竞争力和社会价值。

（4）持续性

设计灵感的持续性是指在创作过程中，能够持续不断地获得、激发并保持创新思维和创意灵感的状态或能力。设计灵感不是一次性的，它可以在设计过程中不断被激发和深化。随着对设计问题的深入理解和对设计方案的反复推敲，设计灵感可能变得更加丰富和具体。

1.3.2 灵感获得

设计灵感的获得是一个复杂而富有创造性的过程，它融合了个人经验、文化背景、审美偏好、技术知识以及对周围世界的敏锐观察。

数字化室内设计灵感的获得是一个多维度、多渠道的过程，它融合了现代科技与创意设计的精髓。设计师在创作过程中可以通过多种途径获取灵感，包括从自然、文化、艺术、历史、科技等方面汲取营养，以及对不同设计风格和流派的探索和研究。通过深入了解不同领域的元素和特点，不断拓展自己的思维边界，激发新的设计思路和灵感，不断提高设计水平。

为了不断激发新的设计思路，室内设计灵感的多元获取路径是在创作过程中不可或缺的一部分。

（1）自然启示

大自然是无尽的灵感源泉，自然界是设计灵感取之不尽、用之不竭的宝库。无论是四季更迭、日出日落，还是动植物的生长变化等自然现象，无不蕴含着丰富的美学元素，都能激发设计师的无限遐想。

从山川湖海的壮阔到花鸟鱼虫的细腻，自然界的每一处景致都蕴含着独特的美学价值。通过摄影、速写等记录方式，深入自然，感受其色彩、形态、光影、纹理的和谐共生，将这些元素巧妙地融入室内设计中，创造出氛围自然和谐、既具自然韵味又不失现代感的空间（图1-11）。

（2）历史文化浸润

历史文化是设计灵感的深厚土壤。文化是设计的灵魂。不同地域、不同时代的文化背景，孕育了丰富多样的设计风格。不同历史时期和地域的文化遗产，如传统建筑、家具、装饰品等，都蕴含着独特的设计理念和美学价值。通过阅读历史文献、参观博物馆、研究传统工艺等方式，深入了解并汲取历史文化的精髓，将其与现代设计元素相结合，创造出具有文化底蕴的室内空间（图1-12）。

图 1-11　设计中的自然元素

（3）社会现实关注

社会的发展变化、人们的生活方式、消费观念等都在不断影响着室内设计的方向和趋势。设计师需要密切关注社会现实，了解人们的实际需求和心理需求，从中发现设计灵感。例如，关注环保问题可以激发设计师对绿色生态设计的思考，关注科技发展可以引领设计师将智能科技融入室内设计中。

图 1-12　历史文化与现代设计元素结合的室内空间

（4）跨领域学习

设计是一门综合性学科，与艺术、建筑、科技、心理学等多个领域密切相关。设计师可以通过学习其他领域的知识和技能，拓宽自己的知识面和思维方式，从而获取更多的设计灵感。例如，从绘画中学习色彩搭配和构图技巧，从音乐中感受节奏和韵律之美，从电影中学习场景布置和氛围营造等。

（5）专业展览与赛事

专业展览与赛事是展示设计成果和交流设计思想的重要平台。设计师可以通过参加各种室内设计展览和赛事，了解前沿的设计趋势和潮流，与同行交流设计心得和经验，从而激发自己的设计灵感。此外，专业展览和赛事还可以为设计师提供展示自己才华的机会，促进设计事业的发展。

（6）设计软件与 VR 技术

利用SketchUp、AutoCAD、3DS MAX、Revit等3D建模软件和Photoshop、Illustrator等图形处理软件，可以快速地将创意转化为可视化的设计方案。同时，这些软件还提供了丰富的材质库、模型库和插件，进一步拓展了设计师的创作空间。

通过 VR 技术，可以将设计方案以三维立体的形式呈现在用户面前，使用户能够身临其境地感受空间的布局、光线、材质等细节。这种沉浸式的体验方式不仅提高了用户对设计方案的满意度，而且可以激发设计师更多的创作灵感。

灵感并非一蹴而就，它需要经过深思熟虑和精心提炼。需要运用自己的专业知识和审美能力，对收集到的灵感素材进行筛选、整合和再创造。同时，还要结合项目的实际情况和客户需求，做出合理的判断和决策。在这个过程中，思考能力和判断能力显得尤为重要。

室内设计灵感的获得是一场既充满挑战又充满乐趣的旅程。它要求设计师具备敏锐的观察力、丰富的想象力、扎实的专业知识和良好的审美能力。通过明确目标、观察生活、体验与实践以及思考与判断，可以不断解锁创意的无限可能，创造出既符合时代潮流又充满个性的室内空间。

总之，数字化室内设计灵感的获得是一个综合性的过程，需要具备广泛的知识储备、敏锐的洞察力和不断学习的精神。

1.3.3 灵感转换

设计的灵感转换是指将获得的灵感、创意或想法，通过一系列的思维和创作过程，转化为具体的设计作品或解决方案的过程。灵感转换是一个从抽象思维到具体创作的过程，它涉及将无形的想法、感受或外部刺激转化为有形的、富有创意的设计作品。这个过程往往充满挑战，但也极具创造性和成就感。设计师需要深入理解并分析所获得的灵感，明确其核心要素、传达的情感以及潜在的应用价值，这个步骤是确保灵感与设计目标相契合的关键。设计师在进行创意的提炼和构思时，会运用形态、色彩、材质等设计元素，结合空间布局、光影效果等设计手法，将灵感转化为具体的设计概念和初步方案。当设计作品完成并付诸实践时，灵感转换过程才算真正完成。这个过程不仅考验设计师的创意能力，还需要其具备扎实的设计技能、丰富的经验和敏锐的洞察力。

在数字化室内设计中，灵感转换还涉及运用各种数字化工具和技术。例如，利用3D建模软件、渲染工具、VR技术等手段，将设计概念具象化，呈现出更为直观和逼真的设计效果。同时，需要进行多次的迭代和优化，通过不断地试错和调整，使设计作品逐渐完善并达到预期的效果。

图 1-13　灵感转换的思维过程

设计的灵感转换是一个将抽象思维转化为具体形式的创造性过程（图 1-13），它要求设计师能够灵活地运用各种设计元素和手法，将灵感转化为具有实用价值和审美意义的设计作品。

（1）提炼灵感核心元素

明确灵感源自何处，灵感的根源可能是一个自然景象、艺术作品、日常生活中的某个瞬间、技术革新，或者是对未来趋势的预测（图 1-14）。了解灵感的根源有助于更深入地挖掘其背后的意义和价值。从灵感中提取出核心元素或主题，这些元素将会成为设计的基础。例如，如果灵感来源于海浪的动态美，则可以提炼出流动性、层次感和变化性作为设计的核心元素。

（2）分析设计需求

分析设计需求是设计过程中的核心环节，涉及将抽象概念转化为具体的设计指导原则

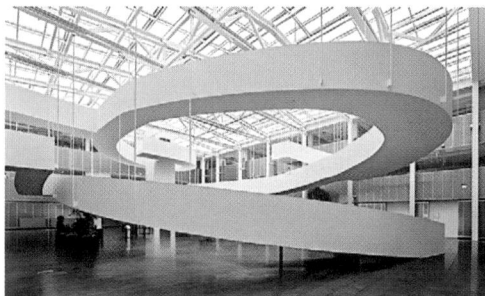

图 1-14　以苹果皮为灵感的设计

和要求。首先，从广泛的灵感来源中提取与项目相关的元素，并将无形灵感具象化为设计概念。接着，明确设计目标，了解项目背景、市场环境和用户需求。在设计需求分析阶段，重点进行用户研究，明确功能需求，考虑性能与约束，以及审美与风格，编制详细的需求文档，为后续设计工作奠定基础。这个过程要求设计师具备敏锐的观察力、分析能力和创新思维，分析设计需求，明确需要解决的问题，满足哪些功能或情感需求。这有助于将灵感与实际应用相结合，避免设计过于抽象或脱离实际。

（3）构思与草图

通过构思和绘制草图，将抽象的想法具体化（图1-15），便于进一步修改和完善。草图不需要过于精细，但应能够清晰地传达设计思路和核心元素。这个过程有助于逐步将灵感转化为可操作的设计方案。绘制草图可使用铅笔、纸笔或数字工具（如平板电脑和手绘笔），快速捕捉脑海中闪现的灵感，不必追求完美，重在表达想法。同时不拘泥于一种表现形式，尝试多种草图风格，如线条草图、色彩草图、草图加注释等，以探索不同的设计路径。在初步草图的基础上，不断进行修改、完善和优化，逐步将模糊的概念具体化、清晰化。

图 1-15　构思草图

（4）模型制作与测试

模型可以是物理模型、数字模型或概念模型。通过模型制作与测试，可以发现设计中的潜在问题，并收集用户或客户的反馈意见，这些反馈将有助于进一步优化设计。

（5）迭代与优化

根据测试反馈和自我评估，对设计进行迭代和优化。不断调整和完善设计方案，以确保其能够更好地满足设计需求并体现灵感的精髓。

（6）创意与实用的平衡

在灵感转换的过程中，保持创意与实用的平衡至关重要。创意是设计的灵魂，但实用性则是设计能否成功应用的关键。设计师应努力在两者之间找到平衡。

设计的灵感转换是一个需要不断学习、观察、思考和实践的过程。通过广泛的积累、深入的思考、勇敢的尝试以及持续的优化，可以将无形的灵感转化为有形的、富有创意的设计作品。

1.3.4 数字化室内设计创意表达

在数字化室内设计领域，创意表达是将个人理念、艺术构思和情感融入作品的重要方式。通过创新的手法和技术，能够呈现出独特的视觉效果与情感体验，从而赋予室内空间更加丰富的内涵和个性。

1.3.4.1 色彩与光影的创意表达

色彩和光影是室内设计中最为直观和富有表现力的元素。设计师可以运用数字化工具，精确调整色彩搭配和光影效果，创造出富有层次感和动态感的室内环境。通过对比、渐变、反射等手法，营造出令人震撼的视觉效果，增强空间的艺术感和氛围感。

（1）色彩理论与应用

色彩理论是数字化室内设计的基础，它涵盖了色彩的基本原理、搭配规律及心理效应，设计师应深入理解色彩的色相、明度、纯度等属性，以及色彩之间的对比、和谐关系。在数字化室内设计中，利用色彩设计软件或插件，通过模拟不同色彩组合的效果，可以快速找到适合空间氛围的色彩方案。同时，还需关注色彩的文化内涵和流行趋势，以确保设计作品既具有时代感又不失文化底蕴。

（2）光影布局与效果

光影是室内空间的灵魂元素，它通过光线的投射、反射与折射，营造出丰富的视觉效果和层次感（图1-16）。在数字化室内设计中，光影布局成为室内设计创意表达的重要手段。设计师可根据空间的功能需求和情感定位，合理规划光线的来源、方向和强度，创造出既明亮又富有层次的光影效果。此外，设计师还可以利用光影的虚实变化、明暗对比等手法，增强空间的深度和氛围感。

图1-16 空间中的光影美学

（3）动态色彩变换策略

动态色彩变换是数字化室内设计的一大特色，它使得室内空间能够随着时间、环境或人的需求而变化。在设计中，设计师可以制定动态色彩变换策略，通过智能照明系统、LED显示屏等设备实现色彩的实时调整。这种策略不仅能够丰富空间的视觉效果，还能提升用户的体验感和互动性。例如，在餐厅设计中，可以根据用餐时间的不同调整灯光色彩，营造出早餐的清新、午餐的活力或晚餐的温馨氛围。

（4）材质反射与光影互动

材质是光影表现的载体，不同的材质对光线的反射、折射和透射效果各异。在数字化室内设计中，设计师可以充分利用材质的光学特性，通过模拟不同材质在光照下的表现效果，优化空间的光影布局。例如，金属材质能够产生强烈的光泽和反射效果，使空间显得更加明亮和开阔；亚光材质能够吸收部分光线，营造出柔和、舒适的光影氛围。此外，还可以探索材质之间的光影互动关系，创造出更加丰富的视觉效果（图 1-17）。

图 1-17　材质与光影互动

（5）情感色彩氛围营造

色彩与光影具有强大的情感表达能力，能够直接作用于人的心理和情感。在数字化室内设计中，设计师可以通过关注色彩与光影的情感属性以及合理的色彩搭配和光影布局，营造特定的情感氛围。例如，在卧室设计中，可以使用柔和的暖色调和温暖的灯光来营造温馨、宁静的睡眠环境；在工作区域则可以使用明亮的冷色调和充足的自然光来提高工作效率和注意力集中度。

（6）环境光源创新设计

在数字化室内设计中，设计师可以突破传统光源的限制，创新性地运用各种新型光源来丰富空间的光影层次。例如，利用 LED 灯带、光纤等柔性光源来塑造空间轮廓和营造氛围，或者通过智能照明系统实现光线的智能调节和场景模式的切换。这些创新设计不仅能够提升空间的美观度和实用性，还能为用户带来更加便捷和舒适的体验。

（7）色彩、光影整合方案

在数字化室内设计中，色彩与光影通常需要形成一个完整的整合方案。方案应综合考虑空间的功能需求、情感定位、材质选择、光源设计等多个方面的因素，并通过数字技术实现色彩与光影的精准控制和优化。在整合方案中，应注重色彩与光影的相互呼应和协调统一，以营造出既美观又舒适的室内空间环境。同时，还需关注设计方案的可行性和实施难度，确保设计作品能够顺利落地并达到预期效果。

如今数字化室内设计正以前所未有的方式推动着设计领域的创新性发展，其中色彩与光影作为设计的两大核心要素，更是成为创意表达的重要载体。通过融合先进的数字技术，设计师能够创造出既符合美学原则又富含情感深度的室内空间。

1.3.4.2 形态与结构的创意表达

数字化技术提供了更加自由和灵活的形态与结构的创意表达。利用参数化设计、非线性建模等技术手段，可以创造出具有独特形态和结构的室内元素。这些元素不仅具有艺术美感，还能够与空间环境相互呼应，形成统一而和谐的整体效果。

（1）形态创新探索

数字化技术为室内设计的形态创新提供了无限可能（图 1-18）。利用 3D 建模软件、VR 和 AR 等工具，能够创造出传统手段难以实现的复杂形态和结构。从流线型的家具设计到非线性空间的塑造，设计师的想象力得以充分释放，创造出既美观又实用的室内空间形态。

（2）结构重组与优化

在数字化室内设计中，结构的重组与优化可提升空间效能和美观度。设计师通过精确的结构模拟和计算分析，可以对室内空间的结构进行精细化的调整和优化。无论是承重结构的优化、空间分隔的灵活性还是多功能空间的转换，数字化技术都能提供有力的支持，使得室内空间的结构更加合理、高效。

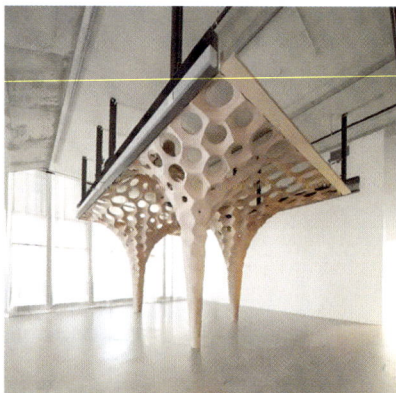

图 1-18　空间形态创新

（3）空间布局智能化

数字化技术的运用可以使空间布局更加智能化。设计师可以利用智能算法和空间分析软件，对室内空间进行精准测量和分析，从而制定出优化的空间布局方案。同时，设计师还可以根据用户的实际需求和使用习惯进行动态调整和优化，如家具的自动移动、空间的灵活分隔等。这种智能化的空间布局不仅提高了空间的利用率和舒适度，还为用户带来了更加便捷和个性化的生活体验。

（4）数字材质与纹理

利用数字化技术可以模拟出各种材质和纹理效果，如逼真的石材、木材、金属和布料等。这些数字材质不仅具有高度的真实感，还可以根据设计需求进行自定义调整，如颜色、光泽度、纹理细节等。通过数字材质与纹理的运用，室内空间的质感会更加丰富多样。

（5）灯光效果模拟

数字化技术使得灯光效果的模拟更加精准和高效。设计师可以利用专业的照明设计软件对室内空间的灯光效果进行模拟和预览，包括光源的位置、类型、亮度和色温等参数。通过灯光效果的模拟和调整，可以创造出温馨、舒适、浪漫或神秘等多种氛围，满足不同场景下的照明需求。

（6）交互设计融入

通过融入交互设计元素，室内空间会变得更加生动和有趣。设计师可以利用触摸屏、感应器、语音识别等技术手段，将家具、灯具、墙面等元素设计成可交互的界面。用户通过简单的操作就能控制室内环境的灯光、温度、音乐等参数，甚至参与到空间布局的变化中来。这种交互设计不仅提升了空间的智能化水平，还为用户带来了更加便捷和舒适的生活体验。

数字化室内设计通过形态与结构的创意表达，不仅满足了人们对美好生活的追求，还推动了设计行业的可持续发展。

1.3.4.3 材质与肌理的创意表达

材质和肌理在室内设计中能够体现质感和细节。设计师可以通过数字化技术模拟各种材质的外观和触感，实现材质的多样化和个性化表达。同时，设计师还可以利用数字渲染技术，模拟出不同肌理的视觉效果，为室内空间增添更多的层次和细节。

（1）材质类型探索

在数字化室内设计中，材质类型的探索不再受限于物理世界的局限。设计师利用数字化技术可以自由地选择或创造各种类型的材质，从传统的木材、石材、玻璃到未来的合成材料、智能材料等，均可通过 3D 建模软件进行精确模拟。此外，数字化技术还可以帮助设计师探索那些在现实世界中难以获取或制造的特殊材质，如发光材料、变形材料等，从而拓展设计创作的边界。

（2）数字纹理模拟

数字纹理模拟是数字化室内设计中材质表达的核心技术之一。设计师通过高分辨率的图像扫描、算法生成或手绘创作等方式，可以创造出逼真的材质纹理，如细腻的木质纹理、粗糙的石材表面、流动的金属光泽等。这些数字纹理不仅具有高度的真实感，还可以根据设计需求进行无限复制、缩放和变形，为室内空间带来丰富的视觉效果。

（3）光影效果强化

光影效果对于材质与肌理的表现至关重要。在数字化室内设计中，可以利用光线追踪、全局光照等高级渲染技术，模拟出真实而细腻的光影效果。通过调整光源的位置、强度、颜色等参数，可以强化材质表面的反射、折射和阴影效果，使材质的质感更加生动逼真。同时，光影的变化还可以营造出不同的空间氛围和情感色彩。

（4）质感交互体验

随着 VR 和 AR 技术的发展，数字化室内设计已经能够为用户提供沉浸式的质感交互体验。通过模拟触摸、压力等物理感知，用户可以在虚拟环境中亲身体验不同材质的质感特性，如柔软与坚硬、光滑与粗糙等。这种质感交互体验不仅提升了用户的参与感和满意度，还为设计师提供了更加直观和准确的反馈机制。

（5）环境融合策略

在数字化室内设计中，材质与肌理的创意表达需要与环境相融合。设计师需要考虑材质与空间风格、功能需求以及周围环境的协调性，通过合理的搭配和布局来实现整体设计的和谐统一。例如，在现代简约风格的空间中，可以选用简洁明快的材质和纹理；而在古典奢华风格的空间中，则可以选择具有历史感和厚重感的材质来表达其独特韵味。

（6）色彩与材质协同

在数字化室内设计中，调整材质的颜色、饱和度、明度等参数可以实现与整体色彩方案的协调统一。同时，不同的材质类型也会对色彩的表现产生影响，如亚光材质会使色彩显得柔和而沉稳，而亮面材质会增强色彩的鲜艳度和光泽感。因此，在材质选择和色彩搭配时，需要充分考虑两者的协同作用以实现理想的设计效果。

（7）虚拟材质创新

数字化室内设计不仅是对现有材质的模拟和再现，更是对虚拟材质的创新与探索。设计师可以利用数字化技术创造出完全不存在的材质类型和纹理效果，如具有动态变化特性的材质、能够感知并响应外部环境的智能材质等。这些虚拟材质的创新不仅为室内设计带来了新的视觉体验和感受方式，还推动了设计领域的技术进步和理念更新。

数字化室内设计作为现代设计领域的前沿趋势，不仅在空间布局和结构上实现了创新突破，更在材质与肌理的创意表达上展现出无限可能。通过数字技术，设计师能够以前所未有的精度和自由度探索材质类型、模拟纹理、强化光影效果，并创造出独特的质感交互体验。

1.3.4.4 数字艺术的创意表达

数字艺术在数字化室内设计中的表达方式最为独特和富有创意。运用数字绘画、数字雕塑等技术手段，可以创作出具有独特风格和内涵的数字艺术作品。这些作品与室内空间能够融为一体，成为空间中的亮点和焦点，提升整体设计的艺术价值和观赏性（图 1-19）。

图 1-19　数字艺术作品

数字化室内设计的创意表达涉及多个方面，设计师综合运用这些创意表达方式，能够打造出独特而富有创意的室内空间，为用户带来全新的视觉和情感体验。

1.4 数字化室内设计流程

1.4.1 设计原则

数字化室内设计作为现代设计领域的重要分支，不仅依赖先进的技术工具，更需遵循一系列科学、合理的设计原则。这些原则综合考虑了空间的功能性、安全性、经济性、美观性、可持续性以及人性化需求，创造出既符合客户需求又符合社会和环境要求的优质作品。

（1）功能性优先原则

室内设计的首要任务是满足空间的功能需求。设计师应深入分析客户的生活方式、工作习惯及空间使用场景，确保设计方案能够高效、便捷地满足各项功能需求；合理划分空间区域，优化家具布局，设置便捷的动线，确保每个空间都能得到充分利用，同时满足隐私、舒适等基本要求。

（2）安全性保障原则

安全是室内设计不可忽视的基本要素。设计师需确保设计方案在材料选择、结构布局、电气安装等方面均符合安全标准，以预防火灾、触电、摔倒等安全隐患。具体应选用环保、无毒、阻燃的装修材料；合理规划电气线路，确保用电安全；设置必要的防护设施，如扶手、防滑地砖等。

（3）经济性原则

在保障功能性和安全性的基础上，经济性原则要求合理控制设计成本，实现资源的高效利用。具体应根据预算范围进行设计方案调整；选用性价比高的材料和设备；优化施工工艺，减少浪费和返工；通过数字化工具，如 BIM 技术，更精准地预算成本，优化空间布局和材料选择，实现绿色建筑设计，科学评估设计方案性能与成本之间的平衡，并考虑长期维护成本。

（4）美观与和谐原则

美观创造具有视觉美感和情感共鸣，既满足视觉审美又符合居住或工作功能需求的室内环境。运用协调的色彩与材质搭配、优化的光线与通风设计、精选的家具与装饰品、统一的风格和主题以及精细的细节处理，营造美观和谐的氛围。尊重客户的审美偏好，同时融入设计师的创意元素，使设计作品既具有个性又不失整体感。

（5）技术创新与可持续发展原则

技术创新是推动数字化室内设计发展的关键力量。探索新的设计工具和技术手段，如 VR、AR、AI 等；引入智能家居系统，提升居住体验；关注材料科学和施工技术的发展，推动设计创新。可持续原则要求倡导绿色、环保的设计理念，关注设计活动对环境的影响；选用可再生或可回收材料；减少能耗和水耗；设计节能、节水、环保的室内环境；推广智能家居系统，提高能源使用效率。

（6）人性化设计原则

人性化原则以人的需求为出发点，关注人的心理和行为特征，创造舒适、便利、健康的室内环境（图 1-20）。设计师应考虑不同年龄段、不同身体状况人群的使用需求；设置无障碍设施，提高空间的可访问性；关注细节设计，如合适的照明、舒适的家具、便捷的储物空间等，以

图 1-20　人性化设计作品

提升居住者的生活品质。

数字化室内设计的设计原则是多方面、多层次的，它们相互关联、相互支撑，共同构成设计师在创作过程中应遵循的基本原则。遵循这些基本原则，不仅有助于提升设计作品的质量，更能促进人与环境之间的和谐共生，推动室内设计行业的可持续发展。

1.4.2 设计准备

数字化室内设计的设计准备阶段是确保项目顺利进行并达到预期效果的关键环节。在这一阶段，设计师需要全面收集信息、明确设计方向、准备必要资源，并制订出详细的设计计划。

（1）需求分析与调研

深入了解客户的实际需求、生活习惯、审美偏好及预算范围，为设计提供依据。通过问卷调查、面对面访谈、现场勘查等方式收集信息；研究相关领域的市场趋势和设计规范。利用激光测距仪、3D扫描仪等数字化工具进行精准的空间测量，确保设计数据的准确性。分析空间的光照、通风、噪声等环境因素，为后续设计提供科学依据。形成详细的需求分析报告，明确设计目标、限制条件和特殊要求。基于客户需求，研究并筛选适合的设计风格案例，为方案设计做准备。

（2）风格与色彩定位

在室内设计领域，风格与色彩共同构成了空间设计的核心框架。这个过程不仅仅是为了美观和个性化表达，更深刻地影响了空间的功能性、情感传达以及居住者的生活体验。确定设计的整体风格和色彩搭配方案（图1-21），可为后续设计提供方向。

根据需求分析报告，结合客户偏好和市场趋势，初步确定设计风格；研究不同风格的色彩搭配原则，选择适合的色彩方案；与客户沟通确认，进行必要的调整和优化。创造出既美观又实用、既符合潮流又彰显个性的室内空间。形成风格与色彩定位（图1-22）报告，包括设计风格描述、色彩搭配方案及效果图示例。

图1-21　色彩搭配

图1-22　色彩定位

（3）空间规划与布局

空间规划与布局不仅关乎空间的物理划分，更直接影响到空间的使用效率、功能实现、氛围营造以及居住者的心理感受。一个精心规划的室内空间，旨在通过科学合理的布局，达到多方面的优化与提升，合理规划空间布局，确保功能性和舒适性的统一。

恰当的空间规划与布局可实现空间的最大化利用、功能性的提升、舒适感的创造、美观性的增强、人体工程学的符合、互动交流的促进以及灵活性与可变性的保持，为居住者带来更加美好的居住体验。形成空间规划与布局方案图，包括平面图、立面图和初步的三维模型。

（4）技术工具选型

数字化室内设计技术工具的选型是一个综合考虑多个因素的过程，旨在提高设计效率、确保设计质量并促进团队协作。

根据项目的大小、复杂度以及预期成果（如展示用、施工用或两者兼有），确定所需的工具类型和功能深度。区分是概念设计阶段、深化设计阶段还是施工准备阶段，不同阶段可能需要不同类型的工具。考虑是否需要支持远程协作、版本控制、任务分配等功能。比较各工具的购买费用、订阅费用或是否提供免费版本。评估现有硬件是否满足所选工具的运行要求，如内存、显卡等。考虑团队成员对新工具的学习能力和时间投入。查看在线用户评价、论坛讨论和案例研究，了解工具的实际使用体验和常见问题。考虑供应商的技术支持能力、培训资源和文档完善程度，确保所选工具能够与其他已使用的软件或系统无缝集成。考虑工具的更新迭代速度、新功能支持以及是否适合长期发展需求。

通过以上步骤的综合考虑和评估，可以为数字化室内设计项目选择合适的技术工具，从而提升设计效率、确保设计质量和促进团队协作。

（5）素材库与资源库准备

数字化室内设计不仅提高了设计效率，还极大地丰富了设计表现力与创意空间。收集并整理设计所需的素材和资源，为设计提供丰富多样的选择。构建一个全面、高效、易用的数字化材质库与资源库，成为现代室内设计师不可或缺的重要工具。

① 基础材质库。基础材质库是室内设计数字化工作的基石，涵盖了常见的建筑材料和表面质感，如石材、木材、瓷砖、乳胶漆、壁纸等。建立此库时，应注重材质的真实性、多样性和可编辑性。通过高清图片、纹理贴图、VR 材质文件等多种形式存储，确保能够轻松调用并应用到设计项目中。同时，应包含不同光线条件下的效果预览，以便更准确地模拟实际场景。

② 高级材质库。高级材质库进一步扩展了设计的边界，包括特殊效果材质（如金属、磨砂玻璃）、高级织物（如丝绸、天鹅绒）以及模拟自然环境的材质（如水、火、冰等）。这些材质往往通过复杂的算法或高级渲染技术实现，能够赋予设计作品更加丰富的层次感和视觉冲击力。高级材质库的建立需考虑技术的实现难度和成本，以确保材质的高质量与实用性。

③ 家具资源库。家具是室内设计的重要组成部分，一个完善的家具资源库应包含各类风格（现代、古典、简约、中式、欧式等）、尺寸、材质及颜色的家具模型。通过 3D 建模技术，家具模型应具备良好的细节表现和可调整性，支持用户根据实际需求进行缩放、旋转、材质替换等操作。此外，资源库还应提供家具的详细参数信息和使用场景建议，辅助设计师做出更合理的选择。

④ 装饰品资源库。装饰品虽小，却能在空间中起到画龙点睛的作用。装饰品资源库应包括各种艺术品、摆件、挂画、绿植等装饰品资源，并按照风格、材质、用途进行分类。通过高

清图片、3D 模型及尺寸标注，帮助设计师快速找到合适的装饰品，提升室内空间的艺术氛围和个性化表达。

⑤ 灯具资源库。灯具不仅是照明工具，更是室内氛围的营造者。灯具资源库应涵盖各类照明设备，如吊灯、壁灯、台灯、落地灯以及智能照明系统等。每种灯具都应提供详细的照明参数（如光通量、色温、显色指数等）、外观设计图及安装指导。通过虚拟照明模拟技术，可预览灯具在不同场景下的照明效果，确保设计方案的实用性和美观性。

⑥ 辅材与配件库。辅材与配件虽不起眼，但对于它们的选择却是保障设计落地的重要环节。此库应包含各类五金件、地板胶、墙纸胶、玻璃胶等辅材，以及门把手、开关插座、窗帘轨道等配件。详细的产品信息、安装指导及价格参考，可以帮助设计师和施工单位高效地选购和安装。

⑦ 供应商信息库。为了确保设计方案的顺利实施，建立一个可靠的供应商信息库至关重要。该库应包含各类材料、家具、灯具等供应商的联系方式、产品目录、价格信息、服务评价等。通过定期更新和维护供应商信息库，可以帮助设计师快速找到性价比高的供应商，提高设计项目的执行效率和质量。

⑧ 更新与维护。数字化室内设计材质库和资源库的更新与维护是确保其持续有效使用的关键。应建立定期更新机制，关注行业新动态，及时引入新材料、新技术和新设计趋势。同时，加强用户反馈的收集，根据设计师的实际需求调整和优化资源库内容。此外，还需重视数据安全与备份工作，确保资源库的稳定性和可靠性。

构建一个全面、高效、易用的数字化室内设计材质库和资源库，对于提升设计效率、增强设计创意、保障设计实施具有重要意义。通过不断完善和优化，将为室内设计师提供更加便捷、高效的设计工具。

（6）尺度与比例的确定

设计师应确保设计成果符合人体工程学原理，营造舒适的居住或工作环境。具体应依据国家相关标准、行业规范及人体尺寸数据，根据空间规划和布局方案，确定家具、设备、装饰品等的尺寸和位置；使用三维设计软件进行尺度与比例的精确调整；形成尺度与比例确定报告，确保设计成果的合理性和实用性。

（7）灯光与材质预设

在数字化室内设计领域，灯光与材质的选择和应用不仅关乎空间的美学表现，更是影响整体氛围、功能性与情感传达的关键因素。

① 灯光设计预设。灯光设计预设（图 1-23）是指在数字化设计软件中，提前设定好的一系列灯光参数组合，包括光源类型（如点光源、线光源、面光源）、光源位置、颜色温度（如暖白、冷白、RGB 可调）、光照强度、阴影效果等。这些预设可以根据不同的设计需求快速调用，提高

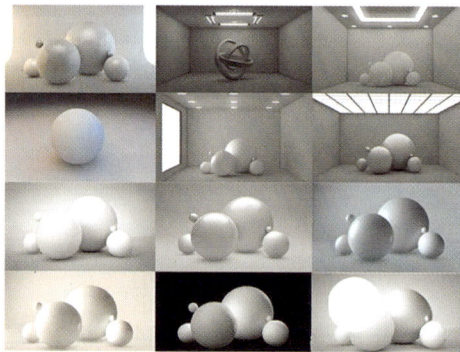

图 1-23　灯光设计预设

设计效率。

根据不同的使用场景（如居家、办公、商业展示等），预设相应的灯光方案，快速切换以模拟实际照明效果。利用灯光设计预设创造特定的氛围，如温馨舒适的家庭氛围、高效专注的办公氛围或高端奢华的商业展示氛围。通过预设智能照明系统，如定时开关、人体感应等，实现灯光的自动化控制与节能管理。

② 材质预设管理。材质预设管理是指在数字化设计软件中，对常用材质进行统一整理、命名、分类及存储，以便在设计过程中快速调用和修改。这不仅有助于提高工作效率，还能保证设计的一致性和准确性。

根据项目类型和风格需求，建立专门的材质库，将常用材质按类别（如木材、石材、金属、织物等）进行划分。为每种材质制定统一的命名规则，包括材质名称、来源、颜色编码等信息，便于搜索和识别。利用设计软件提供的参数化工具，对材质的颜色、纹理、光泽度等属性进行精细调整，以满足不同设计需求。在设计软件中设置实时预览功能，允许设计师在调整材质参数时即时查看效果，并与原设计进行对比分析。定期对材质库进行维护和更新，删除过时或不再使用的材质，添加新的材质和样式，保持设计的前沿性和创新性。

数字化室内设计中的灯光设计预设与材质预设管理是提高设计效率、保证设计质量的重要手段。通过科学合理的预设与应用，能够更加灵活地应对各种设计挑战，创造出既美观又实用的室内空间。

1.4.3 概念设计

概念设计是一种在创意和设计过程中的早期阶段，为项目或产品制定基本概念和方向的艺术与实践，它涉及将抽象的创意转化为具体、可操作的设计方案（图1-24）。概念设计介于初步构想与具体实施之间，旨在将抽象的想法转化为具体、可操作的设计方案。这个过程不仅需要有创意的火花，更需要严谨的分析与不断的优化。概念设计是由分析用户需求到生成概念产品的一系列有序的、可组织的、有目标的设计活动。它表现为一个由粗到细、由模糊到清晰、由抽象到具体的不断进化的过程。概念设计即利用设计概念并以其为主线贯穿全部设计过程的设计方法，是完整而全面的设计过程。

图 1-24　概念设计

（1）概念设计的应用领域

概念设计广泛应用于各个设计领域，包括室内设计、建筑设计、产品设计、动画设计、游戏设计等。在这些领域中，概念设计都扮演着至关重要的角色，为项目的成功实施提供了坚实的基础和有力的支持。

（2）概念设计的主要内容

概念设计是产品设计或空间规划的初步阶段，融合了创新思维与实际问题的解决策略。它不仅是外观形式的构思，更是对功能、用户体验、市场需求、技术可行性等多方面因素的全面考量。概念设计强调创意的生成和概念的构思。通过研究、联想、想象等方法，生成具有创新性和实用性的创意。这些创意将被进一步发展和细化，形成具体的设计概念。在确定了设计概念和创意之后，进行方案设计。这一步骤包括绘制草图、制作模型等，将设计概念具象化。在方案设计过程中需要综合考虑材料、工艺、成本等因素，确保设计的可行性和经济性。

在室内设计领域，空间布局规划是概念设计的重要组成部分，它决定了空间的功能分区和动线安排。根据使用需求合理划分空间的功能区域，确保空间的高效利用和便捷性。融入智能化技术，提升空间的功能性和便捷性。选择合适的色彩和材质，以营造出符合设计理念和风格的空间氛围。确定设计的整体风格，并通过各种设计元素来演绎和强化这种风格。

（3）概念设计的关键要素

概念设计要素是指在设计过程中，构成概念设计基础和核心的一系列关键元素或组成部分。这些要素为设计师提供了全面的指导，帮助他们在创造性设计和实施过程中取得更好的成果。

初步设想的提出是概念设计的起点，通过团队讨论、研究和分析，不断细化和深化这个设想。这个过程是激发创意、明确设计方向的关键。在提出设计概念后，进行充分的前期策划与调研工作，以明确设计目标、了解设计背景、评估技术可行性、了解市场需求、分析竞争对手等，为设计方案的制定提供有力支持。在概念设计的全过程中应积极应用创新思维和先进技术，创新思维能够推动设计方案的突破和创新，先进技术的应用能够提升设计作品的技术含量和竞争力。在将设计概念转化为具体方案的过程中，需要探索合适的空间形式和设计表达方式，包括布局规划、材料选择、色彩搭配、细节处理等，以确保设计方案既符合设计概念，又具有艺术性和实用性。在概念设计中，通过将文化元素融入设计方案，可以增强设计的独特性和认同感，使设计作品更加贴近当地文化和环境。这些概念设计要素相互关联、相互促进，共同构成了概念设计的基础和核心。

（4）概念设计的过程

① 创意构思。创意构思是一个在项目策划与设计过程中，融合项目自身的独特性以及客户的具体需求，通过创新的思维方式创造出新颖、独特且富有吸引力的设计概念。

创意构思是一种突破常规思维框架，以新颖、独特的方式思考问题并寻找解决方案的过程。在创意构思阶段，设计师需要运用各种创意构思工具和方法（如头脑风暴、逆向思维、类比联想等），将设计任务抽象化，并确定总功能，将其分解为各个子功能，直至功能元，形成功能树。在功能分解的基础上，运用图形思维、创意构思等方法，生成多个解决方案的概念。这些概念可能涉及不同的技术原理、结构形式、外观造型等，并将项目特点和客户需求转化为富有创意的设计灵感和想法，形成初步的设计概念和空间布局方案。创意构思鼓励跳出固有模式，勇于尝试新的设计理念和表现手法。

② 草图绘制。概念设计中的草图绘制不仅是表达创意构思的手段，也是验证设计可行性的关键步骤，它标志着从抽象概念到具体视觉表达的第一步。这个过程既可以是手绘的，也可以是利用设计软件完成的，具体取决于设计师的偏好、项目需求以及时间限制。手绘或利用数

字工具绘制概念草图，以展示设计的主要元素和构思方向。

设计师使用纸张、铅笔、钢笔、马克笔等传统工具，可以通过手绘的方式快速记录下设计构思的过程。手绘草图能够迅速捕捉设计师的灵感和即时想法，让构思更加直观、生动。手绘不受技术工具限制，可以随时修改和调整，促进创意的自由流动。手绘草图还便于与客户或团队成员沟通，即使非专业人士也能快速理解设计意图。在手绘草图阶段，设计师可以尝试不同的布局、风格和色彩组合，以探索设计方向，并逐步明确设计的初步形态。

设计软件提供了丰富的工具和精确的测量功能，可以使草图绘制更加高效和精确。设计师可使用设计软件进行精确的尺寸设定和比例控制，减少误差。设计软件中的草图可以随时修改、复制和粘贴，方便进行多次迭代和优化。设计软件通常支持色彩管理、材质模拟和光影效果，使草图更加逼真和可视化。利用软件的强大功能来模拟不同的空间布局、风格和色彩效果，从而更直观地展示设计意图。

无论是手绘还是设计软件绘制的草图，其核心目的都是为了展示设计的初步构思，包括空间的划分和功能布局（如家具的摆放、通道的设置等）、风格（如现代简约、古典奢华、自然田园等）和色彩意向（如色彩搭配、情感氛围和视觉风格）。草图绘制不仅能够帮助设计师快速捕捉和表达创意，还能够促进与客户和团队的沟通及合作，为最终设计方案的确定提供有力支持。

③ 概念阐述。概念阐述是指在设计过程中将设计创意、设计想法或解决方案清晰、具体地呈现给客户。设计师需准备充分，确保深入理解设计概念。这包括设计方案的背景研究、目标设定、创意构思、草图或初步设计稿等。通过简洁明了的语言和视觉辅助材料（如 PPT、设计稿、原型等），详细阐述设计的核心理念、目标、预期效果及实现方式。保持与客户的互动沟通，确保客户深入理解设计概念。收集客户反馈意见并进行分析，对设计概念进行初步调整。通过多次迭代，确保最终设计方案符合客户期望。此流程应确保与客户进行有效沟通，为设计出符合客户期望的优秀作品奠定基础。在概念设计阶段，需考虑项目的预算和成本控制，确保设计方案的经济性和可行性。

1.4.4 方案设计

在数字化时代，室内设计正逐步向智能化、可视化方向发展。对于数字化室内设计，可通过先进的技术手段，将传统的设计流程与数字工具相结合，为客户提供更加精准、高效、个性化的空间设计方案。

（1）平面布局优化

平面布局优化涉及建筑设计、室内设计及环境设计。其核心在于调整空间布局，确保功能性与美观性的平衡。基于草图反馈，设计师对空间布局进行针对性调整，包括改变房间大小和形状、调整家具和设备位置、优化动线设计以及重新定义功能区域等。整个过程中，既要满足实际使用需求，也要追求视觉上的和谐与吸引力。通过合理的布局规划、色彩搭配和材质选择，旨在实现功能性与美观性的平衡，创造出既实用又美观的设计作品。

（2）顶面与墙立面设计

室内顶面与墙立面设计是室内空间设计中不可或缺的部分，它们共同塑造了空间的三维效果和整体氛围。

顶面设计是指室内空间的天花板布局和设计，它不仅影响空间的视觉美感，还承担着照明、通风、隔声等功能。顶面设计需要考虑材料的选择、造型的设计以及与其他空间元素的协调。在室内空间设计中，顶面设计旨在创造美观、功能性和安全性兼具的室内环境。它包括对建筑物顶部（即天花板）的视觉和功能上的规划与设计，涉及材料选择、色彩搭配、照明设计等多个方面。设计应遵循功能性原则，满足照明、通风等设备需求，考虑承重和稳定性。在美学方面，顶面设计的色彩、材质和造型应与室内整体风格协调，营造统一和谐的视觉效果。常见的顶面材料有石膏板、矿棉板等，需考虑实用性、美观性和环保性。实际应用中，顶面设计需根据建筑类型和空间需求调整。如在工程装修中，需考虑设备安装、维修及防火防灾要求。随着环保意识的提高，顶面设计越来越注重环保和节能，如采用 LED 灯具和环保材料等。顶面设计关乎室内空间的美观、功能和安全，绘制顶面图的主要目的是展示天花板的布局、造型、灯具和通风口等设备的布置。

室内墙立面设计是指室内设计中墙面、隔断、门窗等竖向空间元素的布置与装饰，旨在创造美观实用的室内环境。室内墙立面设计涉及墙面处理、材质选择、色彩搭配、纹理与质感、元素布置、照明设计等，要求功能性与美观性并重、个性化表达以及比例与尺度的把控，可运用虚实对比、韵律与节奏和细节处理等设计手法。在实际应用中，室内空间墙立面设计可结合多种设计手法和元素，如壁龛设计、隔断应用、柜体设计和艺术装置等。这些元素和手法不仅影响空间的视觉效果，还直接关系到空间的实用性和舒适度。同一空间内的各界面处理必须在同种风格的统一要求下进行，以保持整体协调性。根据不同使用功能的空间，设计应充分考虑其空间性格和环境气氛要求，以营造合适的氛围。墙立面是室内环境的背景，对家具和陈设起烘托、陪衬的作用。设计时应以简洁、明快、淡雅为主，避免过分突出而影响整体空间效果。墙立面的线形设计应考虑空间的整体布局和流线，确保视觉上的连贯性和流畅性。室内空间墙立面设计是一个综合性的过程，需综合考虑材质、色彩、布局和照明等多方面因素。色彩的选择应与整体室内风格相协调，同时考虑不同色彩对空间氛围的影响。材质的选择应考虑其质感、纹理、色彩等因素，以及与整体室内环境的协调性。构造设计应合理、稳固，确保使用安全，并考虑施工和维护的便捷性。通过合理的界面设计，可以营造出既美观又实用的室内空间环境。

（3）色彩与材质规划

色彩与材质规划是对设计作品（如室内空间、产品设计、平面设计等）中色彩搭配和材质选择的初步确定，旨在通过这些元素来营造特定的整体氛围和视觉效果。借助数字化色彩管理系统和材质库，可以轻松实现色彩搭配和材质选择的模拟。通过对比不同色彩与材质的效果，设计师能为客户提供个性化的色彩方案和材质建议，确保设计方案在视觉上达到理想的效果。

色彩是视觉设计中最为直接且富有表现力的元素之一，不同的色彩能够引发人们不同的情感反应和心理感受。在色彩规划中，应根据设计的目的、受众群体、空间功能以及想要营造的氛围来选择和搭配色彩。例如，暖色调（如红色、橙色、黄色）通常能营造出温馨、活力的氛围；冷色调（如蓝色、绿色、紫色）则可能带来宁静、清凉的感觉。此外，色彩的对比与和谐也是需要考虑的因素，它们能够影响设计的层次感和视觉效果。

材质是设计中触感和质感的重要载体。不同的材质具有独特的纹理、光泽、硬度等特性，这些特性不仅影响人们的触觉体验，还能在视觉上丰富设计的层次感和细节。在材质规划中，应充分考虑材质与色彩、光线的相互作用，以及材质如何与设计的功能、风格相协调。例如，在自然风格的室内设计中，选择木质、石材、棉麻等自然材质，以营造出质朴、温馨的氛围；而在现代简约风格中，更倾向于使用金属、玻璃、塑料等具有现代感的材质。

色彩与材质规划的最终目的是通过它们之间的巧妙搭配和组合，营造出一种符合设计目的和受众需求的整体氛围。这种氛围能够深刻地影响人们的情绪、感知和行为，使设计作品更具吸引力和感染力。例如，在餐厅的设计中，通过暖色调的灯光、木质的餐桌椅及柔和的布艺装饰，可以营造出温馨、舒适的用餐氛围；而在办公空间的设计中，则可能更倾向于使用冷色调、简洁的线条和金属材质的办公家具，以营造出专业、高效的工作氛围。

色彩与材质规划是设计过程中不可或缺的一部分，通过色彩和材质的巧妙运用，为设计作品赋予生命力和灵魂，营造出独特而迷人的整体氛围。

（4）照明设计模拟

通过灯光设计布局可提升空间层次感和营造氛围。不同类型、不同亮度的灯具选择与布置，能够创造出温馨、明亮、柔和或聚焦等多种照明效果。灯光设计不仅要满足基本的照明需求，还要与空间的整体风格相协调，强调空间的重点区域，营造独特的视觉焦点。

设计师可以采用专业的照明设计软件（如 DIALux、Relux 等）进行照明效果的模拟和分析。根据空间的特点和需求，设定光源类型、位置、角度等参数，通过软件模拟出真实的光照效果，确保照明设计既满足功能性需求，又营造出舒适、温馨的氛围。

（5）家具布局配置

设计师可以利用数字化工具进行家具布局的模拟配置。根据空间大小和形状以及客户的使用习惯和审美偏好，选择合适的家具款式和尺寸，进行虚拟摆放和调整。通过不断优化布局方案，确保家具与空间完美融合，同时满足实用性和美观性的需求。

（6）软装搭配设计

在室内设计中应结合整体风格和色彩方案进行软装搭配设计。通过数字化手段展示不同软装元素的搭配效果，如窗帘、地毯、挂画、摆件等，为客户提供丰富的选择和建议，营造独特的空间氛围。

（7）智能系统融入

随着智能家居的普及，在数字化室内设计中，将智能系统融入其中，如智能照明、智能温控、智能安防等。智能化技术的应用，可以提高居住的便捷性和舒适度，实现科技与生活的完美融合。

（8）3D 效果预览

利用 3D 渲染技术，为客户提供直观、逼真的设计方案预览。客户可以通过 3D 模型，在虚拟环境中自由漫游，观察每一个细节，感受设计方案的实际效果。这种直观的展示方式有助于客户更好地理解和接受设计方案，提高客户满意度。

（9）客户反馈调整

在数字化室内方案设计的最后阶段，设计师会积极收集客户的反馈意见，并根据客户的具体需求和建议，对设计方案进行必要的调整和优化。通过不断地沟通和修改，确保最终的设计方案能够完全符合客户的期望和需求。

1.4.5 施工图深化设计

在数字化室内设计过程中，施工图绘制作为设计与施工之间的桥梁，将设计方案深化为可实施的施工图纸。数字化室内设计施工图绘制不仅提高了设计效率，还确保了图纸的准确性和易修改性，为室内装饰项目的顺利实施提供了有力支持，为后续的施工工作提供详细、准确的指导。在数字化室内设计的背景下，施工图设计不仅要求精确无误，还需充分利用数字技术提升设计效率与质量。

1.4.5.1 施工图

（1）施工说明书解析

① 项目概况说明。项目概况说明是室内装饰施工图设计说明书的开篇，旨在全面介绍即将进行装饰设计改造的项目基本情况。内容通常包括项目名称、地理位置、建筑面积、楼层分布、主要功能区域划分（如办公区、会议室、休息区等）、项目背景及目的、业主要求或期望达到的效果等。这一部分是理解整个项目的基础，为后续设计工作提供了明确的方向和依据。

② 施工图设计依据。室内装饰施工图设计是一项复杂且需要遵循严格依据的工作，这些设计依据包括国家设计标准、建筑装饰规范、材料标准、施工图编制规定等。国家设计标准是设计的基石，确保装修符合国家安全、环保和节能要求。建筑装饰规范指导装饰工程的实施，提高工程质量。材料标准确保使用的装饰材料符合国家标准，减少安全隐患。此外，施工图编制规定确保了施工图的规范性和准确性。除此之外，设计规范及手册为设计师提供灵感和参考，合同及图纸是项目执行的基础。设计时还需考虑地方性规范，以适应各地区的特殊需求。

以上这些依据为室内装饰施工图设计提供了指导方向，确保项目的合法性、安全性、美观性及实用性，是室内装饰项目成功的重要保障。

③ 施工工艺要求。施工工艺要求是确保装饰工程质量的重要保障。在这一部分，需对各项施工工艺提出明确的要求，包括但不限于墙面处理、地面铺设、吊顶安装、水电改造、木工制作、油漆涂装等。要求应具体、详细，并考虑到施工的可行性和经济性，以确保施工团队能够准确理解并执行设计意图。

④ 照明与电气设计。根据空间功能需求、视觉舒适度及节能要求，合理布局照明设备，并制定相应的电气设计方案。方案中应包括照明设备的类型、功率、安装方式、控制方式等信息，以及电气线路的布局、安全保护措施等内容。同时，还需考虑智能照明系统的应用，以提

高使用的便捷性和舒适性。

⑤ 防水防潮措施。防水防潮是装饰工程中至关重要的环节，尤其是对于卫生间、厨房等易受潮区域。在这一部分，需详细说明采取的防水防潮措施，如防水材料的选择、施工工艺要求、检验标准等。同时，还需对防水层的维护和使用注意事项进行说明，以确保防水防潮效果的长久有效。

⑥ 安全环保标准。在当今社会，安全环保已成为装饰工程不可忽视的重要方面。在说明书中，需明确说明设计和施工过程中遵循的安全环保标准，包括但不限于消防安全、空气质量、噪声控制、资源节约等方面。同时，还需对选用的材料和施工工艺进行安全环保评估，确保项目在满足美观和功能需求的同时，也能达到安全环保的要求。

⑦ 材料选型说明。材料选型直接影响到装饰工程的质量、成本及后期维护。在说明书中，需详细列出所选用材料的种类、规格、品牌、性能特点等信息，并解释选择这些材料的原因，如是否符合设计理念、能否满足使用功能需求、是否具有耐久性、环保性及成本效益等。同时，对于特殊材料或新工艺，还需说明其施工技术要求及注意事项。

（2）平面图

室内设计中的室内平面施工图旨在将设计方案转化为具体的施工指导。内容涵盖室内平面施工图的各个方面，如原始结构图、拆墙尺寸图、平面布置图、地面铺装图等。绘制室内平面施工图时应确保图纸的准确性和实用性，所有尺寸、位置信息必须准确无误，以避免施工过程中的错误。图纸表达应清晰明了，方便施工人员理解和操作。图例、标注等辅助信息应摆放美观，避免杂乱无章。遵循相关的绘图标准和规范，如线条粗细、字体大小、颜色使用等，图纸内容应满足施工需求。此外，需要注意的几个方面：应选择合适的图纸比例，以确保设计意图能够清晰表达；根据项目的实际需求合理控制图纸深度、复杂度，对于图纸中的特殊符号、材料、设备等，应提供详细的图例说明；在施工前应对图纸进行仔细审核和修改，确保无误后方可进行施工。

室内平面布局图是施工图设计的基础，它展示了室内空间的整体布局和各功能区域的划分。在数字化设计中，平面布局图通过 CAD 等设计软件绘制，确保尺寸精确、比例合理。图中需清晰标注各房间的名称、尺寸、门窗位置及开启方向等关键信息，为后续的立面、天花等设计提供基础。

室内平面布置施工图是室内设计和装修过程中，用于展示室内空间的最终布局、家具摆放、设备位置、尺寸标注以及施工细节等。图纸不仅为施工人员提供了明确的施工指导，还确保了设计方案的准确实施和最终效果的完美呈现。

（3）天花吊顶图

室内天花吊顶图详细展示了吊顶的设计布局、材料选择、构造细节、施工规范以及灯具、风口等设备的定位信息，可为施工人员提供清晰、准确的施工指南，确保吊顶安装的准确性和美观性。通过详细的施工图，可以有效控制施工过程中的材料选择、构造处理和施工工艺，保障装修质量。

标注房间的轴线、墙柱断面和门窗洞口等，以确定吊顶的布置位置。标明顶棚面和分层吊顶的标高，以及灯具、风口等设备的定位尺寸。明确吊顶材料的种类、规格和颜色，如石膏板、金属扣板、PVC 板等。绘制详细的构造详图或标注剖切位置和剖面图编号，展示吊顶的剖面构造和节点处理方式。标注灯具（如吸顶灯、筒灯）的位置、数量和类型，确保照明效果符合设计要求。标注风口（如空调出风口、回风口）的位置和尺寸，确保通风顺畅。 明确吊顶安装的施工步骤、方法和注意事项，确保施工过程符合安全规范。

室内天花吊顶施工图是室内装饰设计的重要组成部分，它涵盖了吊顶的设计布局、材料选择、构造细节、施工规范以及设备定位等多方面的信息。通过细致入微的施工图设计，可以确保吊顶安装的准确性和美观性，为室内空间增添更多的艺术效果和实用功能。

（4）立面图

室内墙立面图，也称为室内立面图或剖立面图，主要反映了室内墙面装饰及墙面布置的详细情况，是表现室内墙面装饰及墙面布置的图样。它能够直观展示墙面的造型、色彩、材质、装饰细节以及家具、陈设等设施的布置情况。室内墙立面图通常包括固定在墙面上的装修元素（如壁纸、瓷砖、涂料、石材、木饰面、软硬包等），以及墙面上可灵活移动的装饰品（如画作、照片框等）。它还能展示地面上陈设的家具等设施与墙面的关系，确保整体设计的协调性和美观性。

立面图的命名方式多样，可按视向命名（如 A 立面图），也可按平面图中轴线编号命名（如 B—D 立面图）。常用的比例尺包括 1：50 和 1：30，这些比例能够清晰地表达室内立面上的形体和细节。在查看室内墙立面图时，需要将其与平面图结合起来，以便更好地理解墙面的位置、尺寸以及与其他空间的关系。注意观察图纸中的标注和说明，了解墙面材料的种类、颜色、纹理等信息。同时，还要关注家具、陈设等设施的布置情况，确保其与墙面装饰的协调性和美观性。室内墙立面图在室内设计、装修施工以及后期监理过程中都发挥着重要作用。在设计阶段，它可以帮助设计师完善设计方案；在施工阶段，它是指导施工的重要依据；在监理阶段，它有助于确保施工质量和设计效果的实现。需要注意的是，由于室内设计具有复杂性和多样性，因此在实际应用中需要根据具体情况进行灵活处理。

室内墙立面图是室内设计过程中不可或缺的重要图纸之一，它对于确保室内设计的协调性和美观性具有重要意义。

（5）剖面节点详图

施工节点详图是施工图展示室内设计中一些关键部位或节点的详细构造与施工方法。在数字化设计中，通过 3D 建模与渲染技术生成的施工细部详图，可直观展示细部构造的立体效果。设计师可根据施工要求与经验积累，对关键部位或节点进行细致的设计与说明，确保施工过程的顺利进行与最终效果的完美呈现。

在室内装饰设计中，剖面节点详图是一项至关重要的技术文件，它详细描述了装修过程中关键节点的构造、材料、连接方式、尺寸、装配流程以及施工工艺等关键信息，是确保装修质量、安全及美观的重要依据。

室内装饰剖面节点详图通过对构造层次示意、材料组成说明、连接紧固方式、支撑措施展示、详细尺寸标注、加工装配流程、施工工艺要求及关联结构关系等方面的详细阐述，可为装修工程的高质量完成提供有力保障。

构造层次示意是剖面节点详图的基础部分，通过剖面图的形式清晰展示节点从基层到面层的所有构造层次。这包括但不限于墙体基层处理（如抹灰找平）、防水层、保温层、龙骨骨架、饰面板材（如石膏板、木饰面）、表面处理层（如涂料、壁纸）等。每一层的材料、厚度及相对位置都需精确标注，以便施工人员理解并准确施工。

材料组成说明部分详细列出节点处所使用的所有材料种类、规格、品牌及关键性能指标。这有助于确保材料的质量符合设计要求，同时也有助于后续的材料采购与成本控制。例如，对于木饰面节点，需说明木皮的种类（如胡桃木、橡木）、厚度、表面处理工艺（如烤漆、清漆）等。

连接紧固方式描述了节点中各构造层次之间的连接方法，包括使用的紧固件类型（如螺栓、钉子、黏合剂）、连接位置、紧固力度等。正确的连接紧固方式对于保证节点的稳固性和耐久性至关重要。例如，木龙骨与墙体之间的固定可采用膨胀螺栓结合木楔的方式，而饰面板材与龙骨之间可能采用螺栓加密封胶固定。

支撑措施展示部分主要关注节点对外部荷载（如重量、振动、温度变化引起的应力）的承受能力及其支撑结构设计。这包括但不限于加强龙骨、增设支撑点、使用承重性能优异的材料等。通过合理的支撑措施设计，可以确保节点在长期使用过程中的稳定性和安全性。

详细尺寸标注是剖面节点详图中最为核心的内容之一，它提供了节点各部分的精确尺寸信息，包括但不限于材料的厚度、宽度、长度，以及各层次之间的间距等。这些尺寸信息是施工放样、材料切割、安装定位的重要依据，必须做到准确无误。

加工装配流程描述了节点从材料准备到最终装配完成的整个流程，包括材料的预处理（如裁切、打磨）、加工制作（如钻孔、开槽）、现场安装等步骤。通过明确的加工装配流程，可以指导施工人员有序、高效地完成节点施工。

施工工艺要求部分对节点的施工过程提出了具体的技术要求和注意事项，如施工环境的温湿度控制、施工工艺的先后顺序、特殊工艺的处理方法等。这些要求旨在保证施工质量，减少施工中的错误和返工。

关联结构关系展示了当前节点与其他相邻结构或系统（如给排水系统、电气系统、暖通空调系统等）之间的相互影响和配合关系。这有助于施工人员从全局角度考虑施工问题，确保各系统之间的协调与配合。

（6）电气照明图

电气照明图是指导室内电气照明设计与施工的施工图。它展示了灯具的类型、数量、位置以及电气线路的布置等。在数字化设计中，电气照明图通过电气设计软件绘制，可自动生成电气线路图、照明计算书等辅助文件。设计师需根据空间功能、照明需求及节能要求，进行灯具的选型与布局设计，确保室内照明既明亮又舒适。

（7）给排水施工图

给排水施工图是指导室内给排水系统设计与施工的施工图。它展示了给排水管道的位置、走向、连接方式以及给排水设备的布置等。在数字化设计中，给排水施工图通过给排水设计软件绘制，可自动生成管道系统图、设备清单等辅助文件。设计师需根据空间功能、用水需求及节水要求，进行合理的给排水系统设计，确保室内给排水系统既安全又便捷。

1.4.5.2 施工指导

（1）技术交底

技术交底是工程项目实施过程中的一项重要环节，旨在确保项目参建各方（包括设计单位、施工单位、监理单位等）对工程项目的技术要求、施工方法、质量控制标准、安全文明施工规范等有清晰、准确的理解，以促进工程顺利进行，保证工程质量与安全。

设计团队组织施工团队进行技术交底，详细说明设计意图、施工图纸及施工工艺要求。施工工艺与技术的内容包括基础处理、装饰施工、安装施工和细节处理等方面。涉及玻璃幕墙安装、石材干挂等施工要点及注意事项，特殊工艺的说明和验证。在施工过程中，需要注意墙面、地面、顶面的找平、修补及防水处理，以及各装饰面的施工工艺，如贴砖、壁纸粘贴、乳胶漆涂刷等。同时，细节处理也是关键，确保整体效果。最后，关键工序或特殊工艺完成后需要进行必要的施工验证，以确保施工质量。

（2）现场监督

在室内装饰设计中，设计师的角色远不止于创造美观与功能并重的空间设计方案，他们还需深入施工一线，承担起设计施工监督的重任，确保设计方案能够准确无误地转化为现实，同时保障施工过程的顺利进行与最终成果的优质完成。

设计师应定期巡查施工现场，对照进度计划检查实际完成情况，及时发现并处理延误风险，确保项目按时推进。重点检查水电隐蔽工程、防水层、吊顶内部构造等，确保基础施工质量达标，为后续工作打下坚实基础。关注施工工艺的精细度，如墙面平整度、瓷砖铺贴、油漆涂刷等，确保装修效果符合设计要求及行业标准。根据设计方案确定所需设备的型号、规格，并审核其安装条件、运行效率及维护保养要求，确保设备性能优越且易于维护。作为设计与施工之间的桥梁，设计师需及时协调解决施工中遇到的设计变更、技术难题及材料短缺等问题。当设计意图与现场实际情况发生冲突时，设计师需结合实际情况灵活调整设计方案，确保施工顺利进行。

（3）后期调整与优化

室内装饰设计项目的完成并非简单的装修结束，而是一个持续优化与调整的过程。随着用户居住或使用的深入，以及对空间感受的进一步体会，往往需要对设计细节进行微调，以达到更加理想的效果。设计师应积极主动地向用户收集使用反馈和意见，注意倾听用户的真实需求和感受。对收集到的反馈进行整理和分析，找出共性问题和个性问题。根据反馈结果调整设计方案和优化措施，确保设计更加贴近用户需求。

数字化室内设计工作流程是一个严谨而系统的过程，它要求设计师具备全面的专业知识和技能，能够灵活运用数字工具和技术手段，将设计创意转化为实际可行的方案。通过严格遵循上述流程，可以确保设计项目的顺利实施和高质量完成，为客户创造出既美观又实用的室内空间。

第 2 章
/ 数字化设计工具与制图规范

2.1 数字化设计工具

2.1.1 硬件

数字化设计的硬件部分涉及支持数字化设计活动所需的各种物理设备和技术。数字化设计过程中，支持数据存储、处理、传输以及展示等功能的物理设备通常包括计算机硬件、输入输出设备、网络通信设备等，它们共同构成了数字化设计的基础设施。这些设备或组件通过物理方式相互连接，共同构成一个完整的计算机系统。在数字化设计过程中，硬件的选择会直接影响设计工作的效率和质量。以下是一些室内设计硬件配置的建议。

（1）中央处理器

中央处理器（CPU）是计算机硬件配置中的关键部件，其性能直接影响设计软件的运行速度和效果（图2-1）。在室内设计过程中，CPU的配置要求能够满足运行复杂设计软件如CAD、3DS MAX、V-Ray、SketchUp等的需求。这些软件在建模、渲染和图像处理方面对CPU的性能有着较高的要求。

图 2-1 中央处理器（CPU）

① 品牌与型号选择。市场上主流的CPU厂家主要有英特尔公司（Intel）和超威半导体公司（AMD），两者都能满足室内设计的需求，但各有优势。

a.Intel。在建模时表现较好，适合对单线程性能有较高要求的场景。Intel的CPU型号众多，对于室内设计而言，建议选择 Core i5 及以上型号，如 Core i7 或 Core i9，这些型号提供了更高的计算能力和多任务处理能力。

b.AMD。在渲染时表现更佳，适合对多线程性能有较高要求的场景。AMD 的 Ryzen 系列 CPU，如 Ryzen 5、Ryzen 7 或 Ryzen 9，也是不错的选择。这些型号的 CPU 拥有更多的核心和线程数，能够显著提升渲染速度。

② 性能参数考量。在选择 CPU 时，除了关注品牌和型号外，还需要关注以下几个关键性能参数。

a.核心数与线程数。核心数和线程数越多，CPU 的并行处理能力越强。对于室内设计来说，建议选择至少 6 核心 12 线程的 CPU，以提供更好的建模和渲染性能。如果需要处理更大型的项目或有更高的渲染质量要求，可以考虑选择核心数和线程数更高的 CPU。

b.主频。主频是 CPU 性能的重要指标之一，表示 CPU 在单位时间内能够处理的指令数量。较高的主频意味着更快的处理速度。然而，对于多核 CPU 来说，单核主频并不是唯一的考量因素，因为多线程性能同样重要。

c.缓存。缓存是 CPU 内部的高速数据存储单元，能够减少 CPU 访问内存的次数，提高数据访问速度。较大的缓存容量有助于提升 CPU 的整体性能。因此，在选择 CPU 时，可以关注其缓存大小。

③ 其他因素

a.预算。CPU 的价格差异较大，不同型号和品牌的 CPU 价格不同。在选择时，需要根据自己的预算进行合理搭配。

b.兼容性。确保所选 CPU 与主板、内存等其他硬件兼容，以保证计算机的稳定运行。

c.散热性能。高性能的 CPU 往往会产生更多的热量，因此需要配备良好的散热系统来确保 CPU 的稳定运行。在选择 CPU 时，可以关注其散热性能或考虑搭配合适的散热器。

室内设计对 CPU 的配置要求较高，需要综合考虑品牌、型号、性能参数以及其他因素进行选择。在预算允许的情况下，建议选择性能强劲、稳定可靠的 CPU 以满足设计需求。

（2）显卡

室内设计对于显卡（GPU，图 2-2）的配置要求较高，这主要是因为室内设计工作涉及大量的 3D 建模、渲染和图像处理，这些任务对显卡的图形处理能力、显存容量、CUDA 核心数或流处理器数量等方面都有较高要求。

① 图形处理能力。

a.显卡类型。独立显卡是必需的，因为它们提供了比集成显卡更强的图形处理能力和更快的

图 2-2　显卡

渲染速度。专业图形卡 [如英伟达公司（NVIDIA）的 AMD Radeon Pro 系列或 AMD 的 FirePro 系列] 在稳定性、精度和性能上可能更胜一筹，但成本也相对较高。对于大多数设计师

来说，中高端的游戏显卡（如 NVIDIA 的 RTX 或 AMD 的 RX 系列）已经足够满足需求。

b. 实时光线追踪。支持实时光线追踪技术的显卡（如 NVIDIA 的 RTX 系列）可以显著提升渲染效果，为设计师提供更加逼真的视觉效果。这对于追求高品质设计效果的设计师来说是一个重要的考虑因素。

② 显存容量。较大的显存容量有助于处理大型场景和复杂模型。对于室内设计师来说，建议选择显存容量在 8GB 以上的显卡，更高如 12GB 或 16GB 的显存能更好地应对未来的设计需求。

③ CUDA 核心数 / 流处理器数量。CUDA 核心数 / 流处理器数量是衡量显卡并行处理能力的关键指标。数量越多，渲染速度通常越快。因此，在选择显卡时，可以关注这个参数以确保获得足够的性能。

④ 品牌与型号。NVIDIA 和 AMD 是市场上两大主流的显卡品牌。NVIDIA 的显卡在图形渲染和计算性能上表现出色，其 CUDA 加速技术可以大幅提升 3D 渲染的速度；AMD 的显卡则在色彩表现和图像质量上有优势。具体选择哪个品牌的显卡可以根据个人喜好、预算以及软件兼容性等因素来决定。

⑤ 散热与兼容性。良好的散热系统对于保持显卡稳定运行至关重要。在选择显卡时，可以关注其散热设计以及用户评价来了解其散热性能。

兼容性方面，需要确保显卡与主板、CPU、电源等其他硬件的兼容性。这通常可以通过查看硬件规格表或咨询专业人士来确认。

⑥ 软件支持。不同的设计软件对显卡的要求可能有所不同。在选择显卡时，建议了解所使用的设计软件对显卡的具体要求，以确保显卡能够充分发挥其性能。

室内设计对于显卡的配置要求较高，需要关注显卡的图形处理能力、显存容量、CUDA 核心数量或流处理器数量等方面。在选择显卡时，可以根据个人需求、预算以及软件兼容性等因素来综合考虑。

（3）内存

在室内设计过程中，内存（RAM，图 2-3）的配置直接影响设计软件的运行速度和稳定性。这些软件在进行建模、渲染等操作时，往往需要大量的内存资源。

① 内存容量。对于大多数室内设计工作，16GB 的内存是一个比较合理的起点。这个容量足以满足一般的设计需求，包括模型创建、材质贴图、灯光设置等。如果项目规模较大，或者需要同时运行多个设计软件和大量程序，建议考虑升级至 32GB 或更高容量的内存。这

图 2-3 内存（RAM）

样可以显著提高系统处理多任务的能力，减少因内存不足而导致的程序崩溃或卡顿现象。

② 内存类型与速度

a. 类型。目前市场上主流的内存类型为 DDR4，部分高端计算机已经开始采用 DDR5 和

HBM（高宽带内存）。对于室内设计工作而言，DDR4内存已经足够满足需求，但如果预算允许，DDR5内存可以提供更高的数据传输速度和更低的能耗。

b. 速度。内存的速度通常以MHz为单位表示，例如3200MHz。较高的内存速度有助于提升系统的整体性能，特别是在处理大型文件和多任务时。然而，需要注意的是，内存速度的提升并不是线性的，而且其影响也受到其他硬件（如CPU、主板）的制约。

③ 品牌与兼容性

a. 品牌。在选择内存时，建议优先考虑知名品牌，这些品牌的内存在质量、稳定性和售后服务方面都有较好的口碑。

b. 兼容性。购买内存前，务必确认其与自己计算机的CPU、主板等硬件兼容。可以通过查阅主板的规格书或咨询品牌官方客服来获取相关信息。

④ 升级建议。如果现有计算机的内存容量不足，可以通过添加内存条的方式进行升级。需要注意的是，在升级前最好先了解自己计算机的主板支持的最大内存容量和内存插槽数量。对于经常进行大规模设计工作的用户来说，升级至更大容量的内存是一个值得考虑的投资。

室内设计中的内存配置应根据实际工作需求来选择。在保证基本性能的前提下，可以考虑适当提升内存容量和速度以获得更好的使用体验。同时，注意品牌的选择和硬件的兼容性也是非常重要的。

（4）硬盘

对于室内设计师来说，硬盘的配置是至关重要的，它不仅影响计算机的读写速度，还关系到设计作品的存储容量和安全性。

① 硬盘类型

a. 固态硬盘（SSD，图2-4）

优势：固态硬盘的读写速度远快于传统的机械硬盘，能够显著提升设计师在处理大型设计软件时的效率。

容量选择：建议选择500GB以上的固态硬盘作为系统盘，以保证操作系统的流畅运行。如果预算允许，可以选择更大容量的固态硬盘，以便存储更多常用软件和临时文件。

图2-4　固态硬盘

接口选择：较新的主板可以选择M.2接口（NVMe协议）的固态硬盘，其读写速度更快。如果主板不支持M.2接口，则可以选择SATA接口的固态硬盘。

b. 机械硬盘（HDD）

优势：虽然读写速度不如固态硬盘，但机械硬盘的存储容量大、价格相对便宜，适合存储大量不常访问的设计作品和备份文件。

容量选择：建议选择1TB以上的机械硬盘，以满足设计师长期存储的需求。

c. 硬盘性能参数

随机读写速度：固态硬盘的随机读写速度（特别是4K随机读写速度）是衡量其性能的重

要指标。IOPS（每秒输入输出操作次数）越高，表示硬盘读写数据的速度越快。

耐用性：固态硬盘的耐用性通常通过 TBW（总写入字节数）来衡量，TBW 越高，表示硬盘的使用寿命越长。

② 硬盘配置建议

a. 系统盘。选择 250GB 以上的 M.2 接口（NVMe 协议）固态硬盘，确保操作系统的流畅运行和快速启动。

b. 存储盘。搭配 1TB 以上的机械硬盘，用于存储设计作品、素材和备份文件。如果预算充足，也可以选择更大容量的固态硬盘作为存储盘，以进一步提升读写速度。

c. 数据备份。定期将重要数据备份到外部存储设备或云存储中，以防数据丢失或硬盘损坏。

③ 注意事项。在选择固态硬盘时，要确认自己主板的接口是否适配该硬盘。对于需要长时间运行设计软件的计算机，建议选择散热性能好的固态硬盘或机械硬盘。注意硬盘的兼容性和稳定性，避免因硬件冲突导致数据丢失或系统崩溃。

设计师在选择硬盘配置时，应综合考虑读写速度、存储容量、耐用性和价格等因素，以确保设计工作的顺利进行和设计作品的安全存储。

（5）显示器

室内设计行业对于显示器的配置要求较高，以确保设计师能够准确地呈现和编辑设计作品。

① 显示器尺寸。室内设计工作通常需要处理大量的图像和色彩，因此选择一个足够大的显示器可以更好地展示设计细节，提高设计效率。建议选择 27~32in（1in=2.54cm）的显示器，这个尺寸范围既能提供足够的视觉空间，又不会占用过多的桌面空间。

② 分辨率。对于大多数室内设计工作，选择至少具有 1920×1080（全高清，FHD）分辨率的显示器，这个分辨率能够满足基本的图像处理和设计工作需求。

a. 2K 分辨率（2560×1440）。相比于全高清，2K 显示器提供了更高的像素密度，使得图像更加细腻，适合进行更精细的室内设计工作。同时，2K 显示器在价格上也相对较为亲民，是许多设计师的首选。

b. 4K 分辨率（3840×2160）。对于追求极致图像质量和细节表现的设计师来说，4K 显示器是更好的选择。它提供了更高的分辨率和更多的像素点，能够呈现更加清晰、细腻的图像效果。然而，4K 显示器通常价格较高，且对计算机的硬件配置也有较高的要求。

③ 面板类型。首选面板：IPS（In-Plane Switching）面板。IPS 面板以其出色的色彩还原能力、广视角（可达 178°）和稳定的图像质量而著称，非常适合需要准确色彩呈现和广视角查看的室内设计行业。

④ 色域与色准

a. 色域。要求显示器能够覆盖广泛的色彩空间，建议选择支持 99%sRGB 以上或更广色域（如 Adobe RGB、DCI-P3）的显示器，这有助于设计师在设计中使用更丰富的色彩，并确保设计作品在不同设备上能够呈现出一致的色彩效果。

b. 色准。Delta E值应小于2，最好小于1。Delta E值越小，表示色彩还原越准确，有助于设计师实现"所见即所得"的设计效果。

⑤ 色深。推荐色深：8-bit色深是基础，但为了更好地呈现色彩过渡和平滑度，建议选择支持10-bit色深的显示器。10-bit色深能够显示更多的颜色层次，使色彩过渡更加自然。

⑥ 亮度与对比度

a. 亮度。建议显示器的亮度达到300cd/m² 以上，以确保在不同光照环境下都能获得清晰的视觉效果。

b. 对比度。高对比度有助于提升画面的层次感，使设计作品更加生动逼真。建议选择对比度在1000∶1以上的显示器。

⑦ 其他重要参数

a. 接口。确保显示器具备HDMI、DisplayPort等主流接口，并考虑是否需要Type-C接口以便连接笔记本电脑等设备。

b. 护眼功能。如硬件防蓝光、不闪屏等，长时间使用显示器时能有效保护眼睛健康。

c. 旋转升降支架。方便用户根据需要调整显示器的角度和高度，提高使用的舒适度。

室内设计行业对于显示器的配置要求较高，需要综合考虑尺寸、分辨率、面板类型、色域与色彩、色深、亮度与对比度等多个方面。选择合适的显示器有助于提升设计师的工作效率和设计作品的质量。此外，根据具体的工作需求，还可以考虑添加其他硬件设备，如高分辨率的打印机、扫描仪、专业的绘图板等。总之，在选择室内设计硬件时，需要根据自身的工作需求和预算来综合考虑，以确保硬件配置能够满足设计工作的要求，提高设计效率和质量。

2.1.2 软件

（1）AutoCAD

AutoCAD（图2-5）是由美国Autodesk公司开发的一款自动计算机辅助设计软件，首次于1982年发布。这款软件广泛应用于土木建筑、装饰装潢、工业制图、工程制图、电子工业、服装加工等多个领域。

（2）3DS MAX

3DS MAX（图2-6）全称为3D Studio MAX，是Autodesk公司开发

图 2-5　AutoCAD

的基于PC系统的三维动画渲染和制作软件。该软件的前身是基于DOS操作系统的3D Studio系列软件。3DS MAX被广泛应用于广告、影视、工业设计、建筑设计、多媒体制作、游戏、辅助教学以及工程可视化等领域。其强大的功能、扩展性好的建模功能以及丰富的插件，使得设计师和工程师能够高效地完成各种设计任务。

该软件在广告、影视、工业设计、建筑设计、游戏等多个领域都有广泛的应用。例如，在影视领域，3DS MAX 被用于制作各种特效和动画，如《X 战警Ⅱ》《最后的武士》等影片的特效制作。在建筑领域，3DS MAX 可以用于建筑动画和室内设计。此外，该软件还可以与其他软件配合使用，如 AutoCAD 等，以实现更高效的设计和制作流程。

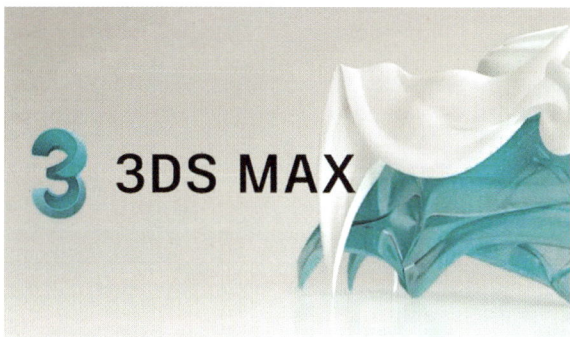

图 2-6　3DS MAX

3DS MAX 软件在室内设计中的应用非常广泛。这款强大的三维动画渲染和制作软件主要用于效果图的绘制，是室内设计行业中必不可缺的工作环节。设计师可以将设计图纸导入 3DS MAX 软件，然后通过一系列操作构建出完整的三维模型，从而为客户呈现出直观化、立体化的设计效果。同时，3DS MAX 软件中的材质编辑器功能强大，包括多种装修材质，如金属、石材和玻璃等，设计师可以根据客户需求和个人喜好选择不同的装修材质和素材，融入个人元素，形成个性化的室内装修作品。

此外，在具体建模过程中，通过对多边形的有效使用，该软件还可以更加精准、迅速地完成复杂的空间模型任务。这些特点使得 3DS MAX 软件成为室内设计师不可或缺的工具。该软件广泛应用于各个领域，为设计师和工程师提供了强大的支持与帮助。

（3）SketchUp

SketchUp（图 2-7）是一款专业的 3D 建模与设计软件，广泛应用于建筑设计、家具设计、展陈设计、电影美术、舞台美术、产品设计、工程设计等领域。由于其简单、易学、灵活等特点，SketchUp 成为三维设计的主力工具，在室内装饰以及其他应用领域受到欢迎。无论是专业设计师还是初学者，都可以通过 SketchUp 来创造出色的三维模型和设计作品。

图 2-7　SketchUp

在室内设计中，SketchUp 的应用也非常广泛，它为用户提供了一个易于学习和使用的平台，使得设计师能够快速创建、修改和呈现室内设计项目的三维模型。以下是 SketchUp 在室内设计中的一些应用。

① 空间规划与布局。SketchUp 允许设计师以三维的方式快速创建和修改室内空间布局。通过拖动和放置墙体、门窗等元素，设计师可以直观地看到空间规划的效果，从而进行微调和

优化。

② 材料选择与应用。SketchUp 提供了丰富的材质库，设计师可以为模型应用不同的材质，如木材、瓷砖、壁纸等，从而模拟出真实的室内装饰效果。此外，还可以通过材质编辑器自定义材质，以满足特定的设计需求。

③ 光照模拟与渲染。SketchUp 结合插件如 V-Ray 等，可以进行高质量的光照模拟和渲染，如模拟自然光和人工光在室内的分布和效果，从而调整和优化灯光设计。

④ 家具与陈设。SketchUp 提供了丰富的家具和陈设库，设计师可以从中选择合适的元素放入室内模型中，从而丰富设计内容。此外，它还可以自定义家具模型，以满足特殊需求。

⑤ 协同设计与沟通。SketchUp 支持与其他设计软件的互操作性，如 AutoCAD 等。设计师可以将 SketchUp 模型导出为其他格式，与其他团队成员进行协同设计。同时，通过三维模型，设计师可以更容易地与客户进行沟通，解释设计理念和效果。

SketchUp 在室内设计中的应用使得设计师能够更高效地创建、修改和呈现三维模型，从而更好地满足客户需求和提升设计质量。

（4）Autodesk Revit

Autodesk Revit（图 2-8）是一款功能强大、灵活多变的建筑信息模型软件，由 Autodesk 公司开发。它广泛应用于建筑设计、建筑工程、室内设计等领域，成为业界领先的 BIM 解决方案之一。它能够帮助企业实现数字化转型、提高项目效率和质量、优化设计方案和减少错误，是建筑行业 BIM 实施的重要工具之一。

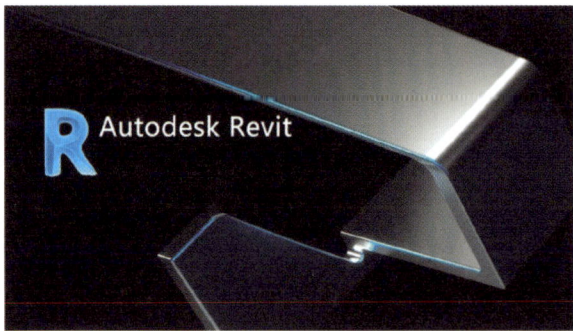

图 2-8　Autodesk Revit

Autodesk Revit 软件在室内设计中的应用非常广泛，它为室内设计师提供了一种全新的设计工具和方法。以下是 Revit 在室内设计中的主要应用。

① 三维可视化设计。Revit 的 3D 建模功能允许室内设计师创建详细、精确的三维室内空间模型。设计师可以通过 Revit 轻松地在各个视图中显示设计信息，如墙体、地面、天花板、家具等。此外，Revit 还支持生成渲染图和漫游动画，使设计师能够更直观地展示设计方案，从而帮助客户更好地理解设计意图。

② 参数化设计。Revit 的参数化设计功能允许室内设计师对室内元素进行快速修改和调整。设计师可以定义元素的尺寸、材质、颜色等属性，并轻松地修改这些属性以满足客户的需求。此外，Revit 还支持自定义族（Family）的创建，使设计师能够创建独特的室内元素，如定制家具、装饰品等。

③ 协同设计。Revit 支持多专业、多团队之间的协同设计。室内设计师可以与建筑师、结构工程师、机电工程师等其他专业人员共享模型数据（图 2-9），从而确保设计的一致性和准确

性。此外，Revit的实时协作功能还允许设计团队在云端共享模型，实时查看和编辑设计成果，提高设计效率。

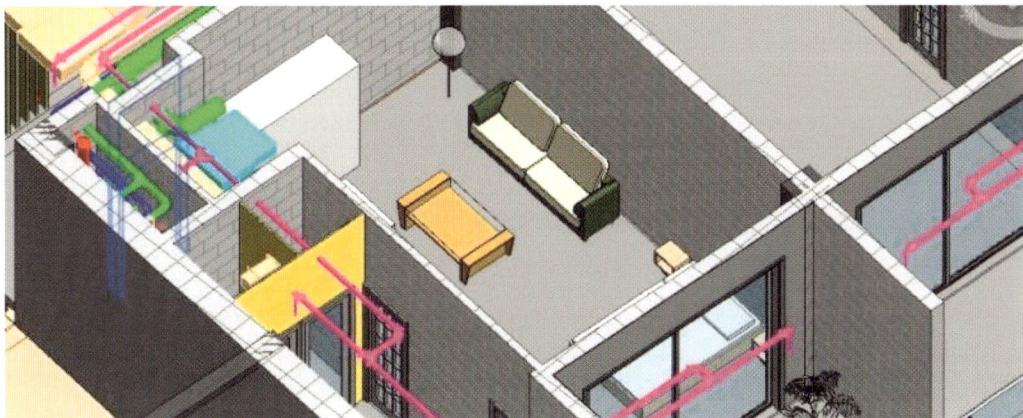

图 2-9 模型数据共享

④ 材料和成本估算。Revit 的材料库和成本估算工具可以帮助室内设计师在项目早期阶段进行成本预算和控制。设计师可以为模型中的元素指定材料，并自动计算所需的数量和成本。这有助于设计师在项目开始之前评估设计方案的经济性，从而避免后续的成本超支。

⑤ 碰撞检测和优化。Revit 的碰撞检测功能可以帮助室内设计师在项目早期阶段发现潜在的设计冲突。通过模拟和检测模型中元素之间的碰撞，可以在施工前解决潜在的问题，从而避免现场施工中的麻烦和延误。

⑥ 设施管理。Revit 的 BIM 模型不仅可以用于设计阶段，还可以用于项目的整个生命周期。在室内设计阶段，设计师可以利用 Revit 的设施管理功能来优化空间布局和设备配置。例如，通过模拟和分析照明、空调、通风等系统的运行效果，设计师可以确保室内环境的舒适性和节能性。

Autodesk Revit 软件在室内设计中的应用为设计师提供了强大的工具和功能，从三维可视化设计、参数化设计到协同设计、材料和成本估算等，有助于提高设计效率、优化设计方案、减少错误并满足客户的需求。

（5）Adobe Illustrator

Adobe Illustrator（图 2-10）是一款专业的矢量图形设计软件，是 Adobe Creative Cloud 创意设计软件套装的一部分。该软件广泛应用于印刷出版、海报书籍排版、专业插画、多媒体图像处理和互联网页面的制作等领域，是设计师和创意工作者不可

图 2-10 Adobe Illustrator

或缺的工具之一。

（6）Adobe Photoshop

Adobe Photoshop（图 2-11）是一款专业的图像编辑软件，广泛用于平面设计、摄影后期处理、网页设计、UI 设计、插画和绘画等领域。它拥有强大的图像处理能力和丰富的工具集，可以帮助用户快速、高效地处理、编辑和创作图像。Photoshop 具有广泛的适用性和高度的可定制性，是设计师、摄影师和创意工作者必备的工具之一。

图 2-11　Adobe Photoshop

① 图像处理和修复。Photoshop 提供了各种图像处理和修复工具，如裁剪、调整色彩、锐化、去噪、修复瑕疵等，可以帮助用户快速改善图像的质量和外观。

② 合成和图层管理。Photoshop 支持多图层编辑，用户可以在不同的图层上进行编辑和修改，轻松合成多张图像和元素。同时，该软件还提供了各种混合模式和图层样式，可以满足用户复杂的合成需求。

③ 文字和形状工具。Photoshop 内置了丰富的文字和形状工具，用户可以轻松添加、编辑和管理文本及矢量形状，以满足各种设计需求。

④ 滤镜和特效。Photoshop 提供了各种滤镜和特效，如模糊、锐化、扭曲、光影等，可以为用户的图像添加独特的艺术效果和风格。

⑤ 颜色管理和调整。该软件提供了强大的颜色管理和调整工具，可以帮助用户精确控制图像的颜色和色调，确保图像在各种输出设备上都能呈现出最佳的效果。

⑥ 与其他 Adobe 软件协同工作。Photoshop 可以与其他 Adobe 软件无缝集成，如与 Adobe Illustrator 的矢量图形处理功能相结合，或与 Adobe Premiere Pro 的视频编辑功能相配合等，为用户提供更全面的创意设计和多媒体制作解决方案。

随着计算机技术的不断发展，数字化设计工具也在不断升级和完善。未来，数字化设计工具将更加智能化、集成化和网络化。例如，通过引入人工智能和机器学习技术，数字化设计工具将能够自动优化设计方案、预测设计效果；通过与其他系统的集成，实现设计、制造、销售等环节的无缝对接；通过网络化技术的应用，实现远程协作和资源共享。这些趋势将进一步推动数字化设计工具的普及和应用。

2.2 建筑模数与应用

模数是建筑设计中的重要概念，它涉及建筑物的尺寸、比例和空间关系等方面。通过建筑模数的学习，可以更好地理解建筑结构的基本原理和构造方式，进而提高对建筑物的认识和理解。通过学习和掌握建筑模数的概念及应用，可以更加高效地提高室内设计的工作效率。在设计过程中，可以更加快速地确定建筑物的尺寸和比例，避免出现错误、浪费时间以及出现不符合规范要求的情况。进行室内设计时需要考虑室内外环境的协调和统一，建筑模数是协调室内外环境的重要手段之一。掌握建筑模数，可以更好地协调室内外环境，使室内设计更加符合建筑物的整体风格和功能需求。

室内设计专业的学生学习建筑模数的目的在于更好地理解建筑结构、协调室内外环境、提高设计效率并符合建筑规范。

2.2.1 建筑模数

（1）建筑尺寸模数

建筑尺寸模数是指建筑部件的尺寸基准，通常采用厘米、米等计量单位。例如，常见的建筑模数尺寸有墙面尺寸、地面尺寸、楼梯尺寸等。

（2）建筑平面模数

建筑平面模数是建筑设计中最常用的模数。它是以一个统一的长度单位（通常为毫米）为基础，规定出一些标准尺寸，并以此作为设计的基础。在居住建筑中，常见的平面模数有100mm、150mm、200mm 等。这些模数值是根据不同的材料和施工工艺确定的，以便在设计中实现标准化和工业化。

（3）建筑空间模数

建筑空间模数是用于描述建筑物内部空间尺寸的模数。它是在建筑平面模数的基础上，通过一定的比例关系，确定出建筑物内部各个空间尺寸的标准值。在居住建筑中，常见的空间模数有300mm、600mm、900mm 等。这些模数值是根据人体工程学和建筑功能需求确定的，以便在设计中实现合理的空间布局和人体活动范围。

（4）建筑结构模数

建筑结构模数是用于描述建筑物结构构件尺寸的基准模数。通常采用组件、模块等计量单位确定出建筑物结构构件的标准尺寸。在居住建筑中，常见的结构模数有150mm、300mm、600mm 等。这些模数值是根据结构安全和经济性要求确定的，以便在设计中实现合理的结构布局和受力分析。例如，常见的建筑部件模数有窗户模数、门模数、柜子模数等。

（5）建筑设备模数

建筑设备模数是用于描述建筑物内部设备尺寸的模数。在居住建筑中，常见的设备模数有150mm、300mm、600mm 等。这些模数值是根据设备安装和使用要求确定的，以便在设计中实现合理的设备布局和安装要求。

（6）建筑部件模数

建筑部件模数是指建筑部件的基准计量单位，标准化部件按樘或展开面积（m²）计量，常见的建筑部件模数有窗户模数、门模数、柜子模数等。

建筑物的模数在建筑设计中具有重要的作用，可以应用于建筑行业的各个领域，如建筑设计、建筑装修、建筑材料制造等。通过建筑物的模数，可以实现建筑行业的规范化和标准化，提高建筑行业的效率和质量，降低建筑部件的制作和维护成本，提高建筑部件的互换性和可维护性，促进建筑行业的发展。

2.2.2 建筑模数协调标准

建筑模数的协调标准是指对建筑物及其构配件的设计、制作、安装所规定的标准尺度体系，以确保它们之间的尺寸能够相互协调、配合得当。这种标准体系是建筑工业化和标准化的重要基础，有助于提高生产效率、降低成本，并促进建筑技术的进步。

模数数列是建筑模数协调标准的核心，它规定了建筑构配件尺寸的基本单位和增值单位。在建筑设计中，应优先选择模数数列中的数值来确定构配件的尺寸，以确保它们之间的协调性。

模数化网格是由三向直角坐标组成的，三向均为模数尺寸的网格体系。在建筑设计中，可以利用模数化网格来规划建筑物的空间布局，确定构配件的位置和尺寸。网格的单位尺度可以是基本模数或扩大模数，具体取决于设计需求。

在建筑模数协调标准中，规定了构配件的定位原则。通常，构配件应按照三个方向（长度、宽度、高度）进行定位，并借助边界定位平面和中线（或偏中线）定位平面来实现。这种定位方式有助于确保构配件之间的精确配合和提高安装效率。

在建筑模数协调标准中，还规定了公差和接缝的处理方式。公差是两个允许限值之差，包括制作公差、安装公差、就位公差等。接缝是两个或两个以上相邻构件之间的缝隙。在设计和制造构配件时，应考虑公差和接缝因素，以确保构配件之间的紧密配合和整体稳定性。

此外，建筑模数的协调标准还涉及构配件的优先尺寸、组合方式、安装方法等方面的规定。这些规定旨在确保构配件之间的互换性和通用性，提高建筑工业化的生产效率和经济效益。

（1）模数单位

建筑物及其构配件（或组合件）选定的标准尺寸单位，并作为尺寸协调中的增值单位，称为建筑模数单位。基本模数是一个固定的数值，是一种标准化的尺寸单位，通常被设定为100mm（在建筑设计中）或其他合适的数值。通过乘以、除以或组合基本模数，可以得到一系列用于设计和制造的尺寸单位。当前世界上大部分国家均以此为基本模数。基本模数的整数值称为扩大模数。整数除以基本模数的数值称为分模数。模数是一种度量单位，这个度量单位的数值扩展成一个系列就构成了模数系列。模数系列可由基本模数 M 的倍数得出。模数系列在建筑工业化生产中有重要的作用，因为借助于它才可能分割某些部件或半成品而不剩零头，并把它们的尺寸准确地输入机器中。模数可以作为建筑设计依据的度量，它决定每个建筑构件的精确尺寸，以及体系中和建筑物本身内建筑构件的位置。模数在建筑设计上的表现是模数化网格。网格的尺寸单位是基本模数或扩大模数。在建筑设计中，每个建筑构件都应与网格线建立一定的关系，一般使建筑构件的中心线、偏中线或边线位于网格线上。建筑设计中的主要建筑构件如承重墙、柱、梁、门窗洞口都应符合模数化的要求，严格遵守模数协调规则，以利于建筑构配件的工业化生产和装配化施工。

（2）基本模数

基本模数的数值规定为 100mm，表示符号为 M，即 $1M$ 等于 100mm，整个建筑物或其中一部分以及建筑组合件的模数化尺寸均应是基本模数的倍数。

（3）扩大模数

扩大模数是指基本模数的整倍数。扩大模数的基数应符合下列规定。

① 水平扩大模数为 $3M$、$6M$、$12M$、$15M$、$30M$、$60M$ 六个，其相应的尺寸分别为 300mm、600mm、1200mm、1500mm、3000mm、6000mm。

② 竖向扩大模数的基数为 $3M$、$6M$ 两个，其相应的尺寸为 300mm、600mm。

③ 分模数的基数为 $M/10$、$M/5$、$M/2$ 三个，其相应的尺寸为 10mm、20mm、50mm。

④ 模数数列指以基本模数、扩大模数、分模数为基础扩展成的一系列尺寸。模数数列的幅度及适用范围如下。

a. 水平基本模数的数列幅度为（1~20）M。主要适用于门窗洞口和构配件断面尺寸。

b. 竖向基本模数的数列幅度为（1~36）M。主要适用于建筑物的层高、门窗洞口、构配件等尺寸。

c. 水平扩大模数数列的幅度：$3M$ 数列的幅度为（3~75）M；$6M$ 数列的幅度为（6~96）M；$12M$ 数列的幅度为（12~120）M；$15M$ 数列的幅度为（15~120）M；$30M$ 数列的幅度为（30~360）M；$60M$ 数列的幅度为（60~360）M，必要时幅度不限。主要适用于建筑物的开间或柱距、进深或跨度、构配件尺寸和门窗洞口尺寸。

d. 竖向扩大模数数列的幅度不受限制。主要适用于建筑物的高度、层高、门窗洞口尺寸。

e. 分模数数列的幅度。$M/10$ 数列的幅度为（1/10~2）M，$M/5$ 数列的幅度为（1/5~4）M；$M/2$ 数列的幅度为（1/2~10）M。主要适用于缝隙、构造节点、构配件断面尺寸（表 2-1）。

表 2-1 建筑模数数列及用途

模数名称		分模数			基本模数	扩大模数				
基数	代号	$M/10$	$M/5$	$M/2$	$1M$	$3M$	$6M$	$15M$	$30M$	$60M$
	尺寸 /mm	10	20	50	100	300	600	1500	3000	6000

模数名称	分模数			基本模数	扩大模数				
系列号	一	二	三	四	五	六	七	八	九
模数数列及幅度/mm	10	20	50	100	300	600	1500	3000	6000
	20	40	100	200	600	1200	3000	6000	12000
	30	60	150	300	900	1800	4500	9000	18000
	40	80	…	400	1200	2400	6000	12000	24000
	50	100	80	500	1500	3000	7500	36000	30000
	60	120		600	1800	3600	…		
	70	140		700	2100	4200	12000		
	80	…		800	2400	4800			
	90	400		900	2700	5400			
	100			…	…	6000			
	110			1500	600	6600			
	120					…			
	130					9000			
	140								
	150								
					用于竖向尺寸时幅度不限	用于竖向尺寸时幅度不限	用于竖向尺寸时幅度不限		幅度不限
适用范围	主要用于缝隙、构造接点、建筑构件的截面及建筑制品的尺寸			主要用于建筑构件的截面、建筑制品、门窗洞口、建筑构配件及建筑物的开间、进深、层高尺寸			主要用于建筑物的开间、进深、层高建筑构配件的尺寸		

2.2.3 建筑模数应用

建筑模数在室内设计中的应用是多方面的，它作为一种理性的设计思维和工具，可帮助设计师实现对空间的高效利用和设计的统一协调，对于提升设计效率、控制成本、保证质量和实现美观效果都具有重要作用。可以通过标准化的模数单位来规划空间布局和元素尺寸，从而减少设计中的试错和修改次数。

模数化设计还有助于提升空间舒适度。通过合理的空间规划和家具选择，可以确保室内空间的功能性和美观性相结合，满足居住者的实际需求和心理感受。

2.2.3.1 建筑模数在室内设计中的作用

（1）实现标准化、装配化

通过模数化设计手段，室内空间可以形成标准化、装配化的特点。这意味着设计、生产和安装过程都可以按照统一的模数进行，从而大大提高效率和效益。例如，装饰板材、构件、装饰与陈设等都可以根据模数进行标准化生产，减少定制和现场加工的需求，缩短工期并节约材料。

（2）提升室内空间的使用率和材料的节约率

建筑模数化的应用有助于设计师更好地规划和利用室内空间。通过对建筑结构梁、柱、纵深和高度的分析以及各专业设备、管线的布置进行精细划分，可以制定基本模块进行造型，以提高室内空间的使用率及材料的节约率。例如，在卫生间设计中，设计师可以以装修面砖的通用尺寸为模数，确保所有卫生间的纵深和高度都是其整数倍，从而节约安装时间和材料。

（3）增强设计的可控性和有序性

模数化设计理论要求设计师具备丰富严谨的理论知识和对装饰材料的性能、物理属性、规格尺度、建筑结构模数轴网等因素的深入了解。这有助于设计师从整体宏观把控到局部结构构件的精细化建设，增强设计的可控性和有序性。同时，模数化设计还可以减少施工现场的返工、延工和各专业工种交叉作业等问题，提高施工质量和效率。

（4）创造美观和谐的室内环境

模数化设计不仅是一种技术手段，更是一种艺术表现方式。设计师可以通过模数思维来建立一种秩序，并通过构成、美学理论等进行不同的组合、变化，达到完美统一的室内空间效果。例如，在客厅设计中，设计师可以运用模数来规划家具的摆放位置和尺寸关系，使其既符合人体工程学原理，又具有良好的视觉效果和舒适度。

（5）提高项目的商业价值

模数化设计的应用有助于降低项目的总投资预算和成本造价。通过深化设计和合理的模数规划，可以有效地控制工程建设的总投资预算（有效地降低总投资造价的 5% ~ 10%）。此外，模数化设计还可以提高项目的开发速度和市场竞争力，从而增加项目的商业价值。

建筑模数不仅能够提高设计效率和质量、节约成本和材料、增强设计的可控性和有序性，还能够创造美观和谐的室内环境和提高项目的商业价值。因此，在室内设计中应用建筑模数是一种值得推广和实践的设计理念及方法。

2.2.3.2 建筑模数在室内设计中的应用方式

建筑模数在室内设计中有着重要的应用，它可以帮助设计师实现空间的高效利用和设计的统一协调。

（1）空间规划与布局

室内设计可以利用建筑模数来规划空间布局，如房间的开间、进深、高度等尺寸均可以按照模数数列进行设计，以保证空间的比例和谐与功能的完善。同时，模数的运用还能使平面布局更加简洁明了，提升整体的设计质量。

通过模数化设计，还可以确保家具、装饰物等室内元素与空间尺度相协调，避免尺寸上的突兀和不适。

（2）家具与装饰的选择与布置

家具的尺寸和布置也可以遵循模数原则，选择与空间模数相匹配的家具，有助于提升空间的整体性和舒适度。建筑模数通过设定统一的尺寸基准，使得家具的设计和生产也能够遵循这一标准。这促进了家具的标准化和模块化生产，提高了生产效率，降低了成本。例如，沙发、餐桌、椅子等家具的长度、宽度和高度可以根据室内空间的模数进行设计或选择，以确保它们与空间的比例相协调。

利用建筑模数进行室内设计，可以更加合理地规划室内空间，包括家具的摆放位置、大小等。这有助于最大化地利用空间，提升居住的舒适度和功能性。例如，在小户型中，可以采用嵌入式橱柜、墙面收纳等设计方式，通过巧妙的布局和灵活的家具设计来提高空间利用效率。

此外，家具的选择与布置应与室内装饰风格相协调，共同营造统一的视觉效果。建筑模数的应用有助于实现这一目标，通过统一的尺寸基准，确保家具与装饰元素之间的比例和对齐关系。

（3）细节设计与装饰

在细节设计方面，如门窗洞口、装饰线条、墙面分格等，也可以利用模数原则进行设计，以保证细节的精致和整体风格的统一。通过模数化设计，可以确保这些细节元素在尺度上与整体空间相协调，从而增强设计的整体感和美观度。

（4）模数化网格的应用

在室内设计中，可以运用模数化网格来规划空间布局和元素位置。网格的尺寸单位可以是基本模数或扩大模数，通过网格的划分和组合可以实现空间的高效利用和设计的统一协调。设计师可以根据设计需求，在网格上规划家具、灯具、装饰品等元素的位置和大小，以确保它们与空间的比例和风格相协调。

（5）模数在平面布局中的运用

在住宅、商业或公共建筑的平面布局中，模数被用于确定各个功能空间的大小和位置。例如，卧室、客厅、厨房等主要功能空间可以根据模数进行合理的划分和布置，以确保空间的通用性和舒适度。通过模数的运用，可以使不同空间之间保持一定的比例关系，增强整体布局的协调性和美感。

在住宅建筑的平面布局中，模数的运用可以让各个空间相互协调，并且便于施工。首先，平面布局中的主要功能空间，如卧室、客厅、厨房等，应根据模数进行合理布置，以保证空间的通用性和舒适度。其次，门窗的位置和尺寸也应根据模数来安排，使其与墙体之间保持合理的比例，符合美学要求。

模数化设计使得设计过程中的尺寸选择和布局规划更加规范、统一。通过模数的运用，可以使不同空间、构件之间保持一定的比例关系，模数化设计简化了施工过程，提高了施工效率和质量。在标准化的基础上进行灵活多变的设计，满足不同用户的设计需求。

（6）模数在立面设计中的应用

立面设计是住宅建筑设计中非常重要的一环，它直接关系到建筑的外观美观度和风格风貌。通过模数的应用，可以使立面的构件之间具有一致的尺度关系，增加建筑的整体美感。例如，窗户的尺寸和位置可以根据模数来决定，使得整个立面看起来规整有序。另外，墙体的厚度也可以按照模数来确定，保证结构的稳定性和隔热性能。

2.2.3.3 模数标准与市场需求

住宅建筑模数的标准应该与市场需求相协调，根据不同地区和人群的喜好来制定。模数标准的灵活性非常重要，不同的设计风格和功能要求可能需要不同的模数尺度。因此，在制定模数标准时，应充分考虑市场需求和建筑设计的多样性，确保标准的适用性和实用性。

2.3 室内设计制图标准

为保证室内设计项目的高效推进，以及项目成果的质量与统一性，统一房屋建筑室内装饰装修制图规则，保证制图质量，提高制图效率，做到图面清晰、简明，图示准确，符合设计、施工、审查、存档的要求，适应工程建设需要，住房和城乡建设部发布了《房屋建筑室内装饰装修制图标准》（JGJ/T 244—2011）。该标准适用于下列房屋建筑室内装饰装修工程制图：

① 新建、改建、扩建的房屋建筑室内装饰装修各阶段的设计图、竣工图；

② 原有工程的室内实测图；

③ 房屋建筑室内装饰装修的通用设计图、标准设计图；

④ 房屋建筑室内装饰装修的配套工程图；

⑤ 标准适用于计算机、手工制图方式绘制的图样；

⑥ 房屋建筑室内装饰装修的图纸深度应按《房屋建筑室内装饰装修制图标准》（JGJ／T 244—2011）附录 A 执行；

⑦ 房屋建筑室内装饰装修制图，除应符合该标准外，尚应符合国家现行有关标准的规定。

2.3.1 图纸尺寸与比例

图纸应使用国际通用的 A 系列纸张尺寸，常用尺寸包括 A0、A1、A2、A3、A4 等。制图比例应依据项目实际情况而定，通常推荐使用 1 ∶ 50、1 ∶ 100、1 ∶ 200 等比例（表 2-2）。图纸应清晰标明比例尺，并确保各视图比例一致。

表 2-2　常用比例

图名	常用比例
平面图、天花平面图	1:50　1:100
立面图、剖面图	1:20　1:50　1:100
详图	1:1　1:2　1:5　1:10　1:20　1:50

2.3.2 线形与线宽规定

制图时应使用不同线形以区分不同元素，如墙体、门窗、家具等。线宽应根据元素的重要性和图纸的详细程度进行调整，确保图纸清晰易读。常用线形包括实线、虚线、点划线等，应根据需要合理选择（表 2-3）。

表 2-3　线形与线宽

名称		线形	线宽	适用范围
实线	粗	————	b	建筑平面图、剖面图、构造详图的被剖切截面的轮廓线；建筑立面图、室内立面图外轮廓线；图框线
	中	———	$0.5b$	室内设计图中被剖切的次要构件的轮廓线；室内平面图、顶棚图、立面图、家具三视图中构配件的轮廓线等
	细	———	$\leqslant 0.25b$	尺寸线、图例线、索引符号、地面材料线及其他细部刻画用线
虚线	中	- - - - - - -	$0.5b$	主要用于构造详图中不可见的实物轮廓
	细	·········	$\leqslant 0.25b$	其他不可见的次要实物轮廓线
点划线	细	—·—·—	$\leqslant 0.25b$	轴线、构配件的中心线、对称线等
折断线	细	—／\——	$\leqslant 0.25b$	画图样时的断开界限
波浪线	细	∽∽∽	$\leqslant 0.25b$	构造层次的断开界线，有时也表示省略画出时的断开界限

2.3.3 符号与标注说明

使用标准化符号标注门窗、电器等设备，以便于识图者快速理解。对于关键尺寸和高度信息，应使用箭头、尺寸线、文字说明等方式进行详细标注。标注文字应简洁明了，避免使用过于复杂的术语。

所有尺寸必须使用精确的测量单位，并按照国际或国家标准进行标注。尺寸线应清晰，不与其他线条重叠，标注文字应置于尺寸线的中段或延长线上，保持易读性。重要尺寸应使用粗线或特殊标记进行突出，以引起注意。

① 引出线应采用细直线，不应采用曲线。引出线标注方法如下所示（图 2-12）。

② 索引相同部分时，各引出线应相互保持平行，如下所示（图 2-13）。

（文字说明）　（文字说明）　（文字说明）　　　　（文字说明）

图 2-12　引出线　　　　　　　　　　　　图 2-13　相同部分的引出线

③索引详图的引出线，应对准圆心，如下所示（图 2-14）。

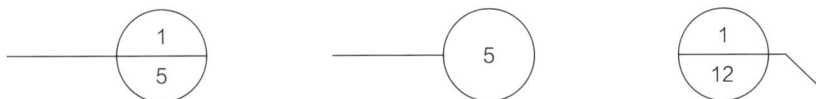

图 2-14　索引详图的引出线

2.3.4 尺寸标注规范

在标注尺寸时应遵循以下原则：

① 图上所标注的是形体的实际尺寸；

② 所标尺寸均以 mm 为单位，但不写出，如 234、76；

③ 每一个尺寸只标注一次；

④ 应尽量将尺寸标注在图形之外，不与视图轮廓线相交；

⑤ 尺寸线需从小到大、从里向外标注，尺寸线要与被标注的轮廓线平行，尺寸界线要与被标注的轮廓线垂直；

⑥ 尺寸数字要写在尺寸线上边；

⑦ 尺寸线尽可能不要交叉，尽可能符合加工顺序；

⑧ 尺寸线不能标注在虚线上；

⑨ 尺寸标注方向及一般标注方法见图 2-15。

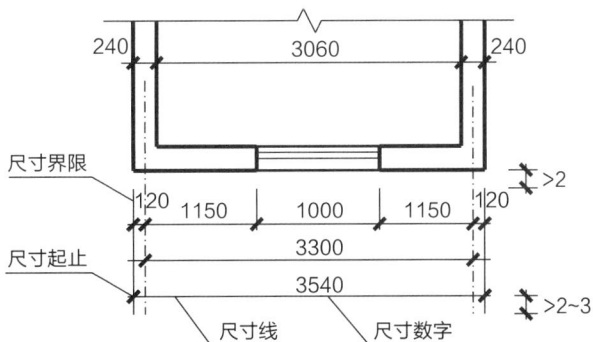

图 2-15　尺寸标注规范

2.3.5 详图索引标注

① 详图在本张图纸上时，表示如下（图 2-16）。

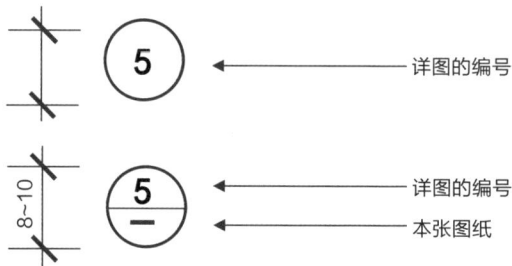

图 2-16　详图在本张图纸上的索引标注

② 详图不在本张图纸上时，表示如下（图 2-17）。

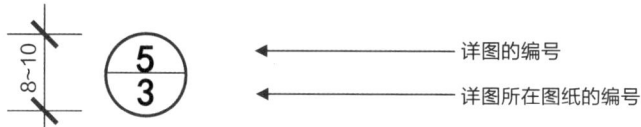

图 2-17　详图不在本张图纸上的索引标注

③ 索引详图的名称表示如下（图 2-18）。

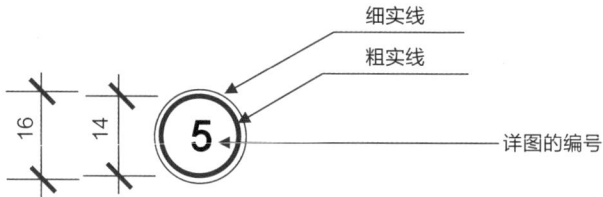

图 2-18　索引详图名称表示

2.3.6 色彩与材质表达

使用色彩区分不同材质和区域，如墙体、地面、天花板等。色彩应与实际材料颜色相符，以便于施工和后期采购。对于特殊材质或效果，可通过纹理、图案等方式进行表达。

所有使用的材料都应在图纸上详细注明，包括名称、规格、颜色、纹理等。材料注明应放置在相应的元素旁边或附近，方便查阅。对于特殊或定制材料，应提供供应商信息或样品照片。

2.3.7 空间布局规划

图纸应清晰展示空间布局，包括功能区域划分、交通流线等（图 2-19）。应考虑人体工程学原理，合理安排家具尺寸和摆放位置。对于特殊空间（如阁楼、地下室等），应特别标注其使用功能和限制条件。

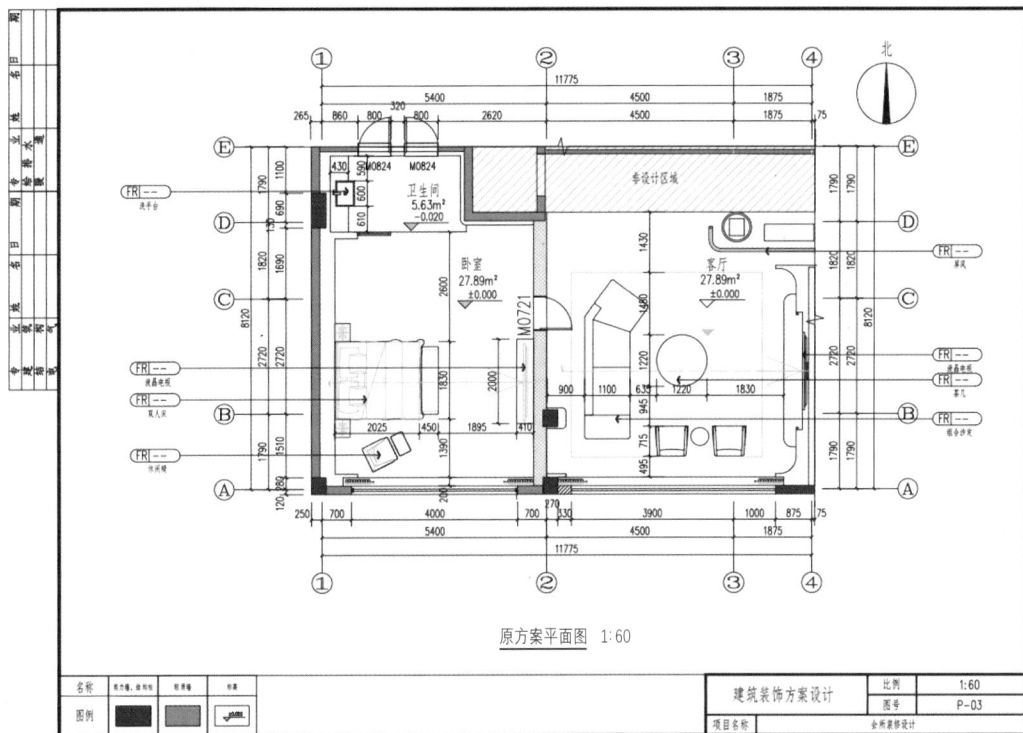

图 2-19　图纸空间布局

图纸布局应合理，避免过于拥挤或空旷。图纸内容应美观大方，符合审美要求。应注重细节处理，如字体大小、线条粗细等，以提升图纸整体质量。

2.3.8 家具与陈设示意

图纸中应包含家具和陈设的示意性表示，以便于理解空间的整体效果。家具和陈设应根据设计风格和功能需求进行合理搭配。可使用简化图形或文字说明来标注家具和陈设的尺寸、材质等信息。

2.3.9 照明与电气设计

图纸中应包含照明设备的布置和电气线路的设计（图 2-20）。照明设计应考虑光源类型、照度要求、色温等因素，以营造舒适的光环境。电气设计应符合安全规范，确保使用安全。

C45N/1P16A BV-3×2.5 DG20 2.5kW 空调器插座
①
C45N/1P16A BV-3×2.5 DG20 1.5kW 厨房冰箱插座
②
C45N/1P16A BV-3×2.5 DG20 1.1kW 照明
③
BV-2×16+1×6 DG32C45N/2P50A　C45N/1P16A BV-3×2.5 DG20 2.0kW 插座
④
P=11.5kW　C45N/1P16Λ BV-3×2.5 DG20 1.0kW 洗衣机插座
⑤
C45N/1P16A BV-3×2.5 DG20 1.5kW 插座
⑥
C45N/2P16A BV-3×2.5 DG20 3.0kW 热水器插座
⑦
C45N/1P16A 备用
⑧

（a）系统图

（b）电气平面图

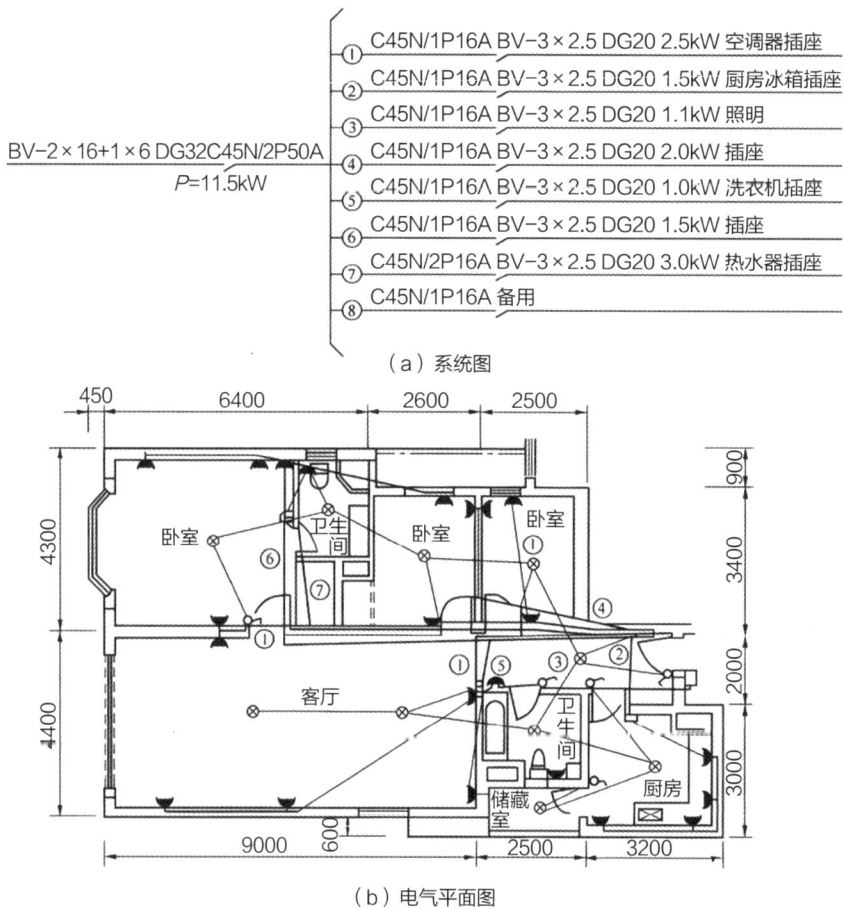

图 2-20　照明布置与电气线路设计

2.3.10 图纸审核与修改

制图完成后，应进行自我审核和校对，确保图纸的准确性和完整性。可邀请同行或专业人士进行图纸审核，以获取专业意见和建议。根据审核结果进行修改和完善，确保最终图纸的质量和设计意图的实现。

2.3.11 图纸分类明确

图纸应按照功能或区域进行分类，如平面图、立面图、剖面图等。每一类图纸都应有明确的标题和说明，方便识别和使用。图纸之间应有明确的关联和引用关系，以便查阅和协调。

使用统一的颜色编码系统，对不同类型的元素进行区分。颜色编码应与行业惯例或项目需求相符合，并保持一致。颜色应易于辨识，避免使用过于接近或模糊的颜色。

使用统一的符号系统，确保符号的通用性和易识别性。符号应与行业标准或项目需求相符合，避免使用自创或模糊的符号。符号应放置在适当的位置，方便查阅和理解。

第 3 章
/ 室内设计基础知识

3.1 室内设计中的结构

室内设计的核心是建筑空间设计，而建筑结构是建筑空间设计的基础。了解建筑结构原理，以及掌握建筑结构对室内空间的影响，是室内设计师必备的基本技能。通过理解建筑结构的承重体系、支撑结构、材料选择等要素，可以更好地优化空间布局、动线和视觉效果。

了解建筑物的结构特点和限制，可确保设计方案的安全性和可行性。同时，还需要了解相关的建筑法规和标准，使设计符合规范要求，避免因违反法规而产生的法律风险。

了解建筑结构的生命周期有助于室内设计师预测建筑物在使用过程中的变化和老化，从而通过设计来延长建筑物的使用寿命和提高维护效率。此外，掌握建筑结构原理也有助于室内设计师更快地掌握设计的基本要素和流程，提高设计效率。

在优化设计方案时，可以利用结构设计的知识来减少不必要的修改和调整，降低材料浪费和施工成本，同时可以通过优化设计方案来降低后期维护成本。深入理解和分析建筑结构原理有助于增强设计美感，为室内设计师提供更多创意和灵感。

掌握建筑结构原理是室内设计师必备的基本技能，对于提高设计效率、优化设计方案、增强设计美感等方面都具有重要意义。

3.1.1 基础

基础是建筑物最下部的承重构件，它承受着建筑物的全部荷载，并将其传递给地基。基础结构的类型、尺寸和深度取决于建筑物的类型、荷载大小和地质条件。常见的住宅基础类型有独立基础（图 3-1）、条形基础（图 3-2）、筏形基础（图 3-3）等。

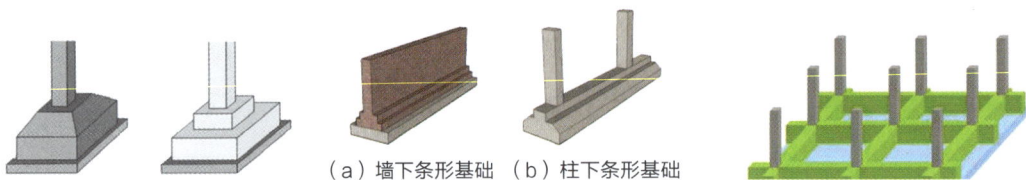

| 图 3-1 独立基础 | （a）墙下条形基础 （b）柱下条形基础
图 3-2 条形基础 | 图 3-3 筏形基础 |

独立基础是用于单柱或高耸构筑物并自成一体的基础。它的形式按材料性能和受力状态选定，平面形式一般为圆形或多边形。

条形基础是基础长度远大于宽度的一种基础形式。根据上部结构的不同，条形基础可分为墙下条形基础和柱下条形基础。

筏式基础是支撑整个建筑物的大面积整块钢筋混凝土板式基础，也称片筏基础。

3.1.2 墙体

墙体是建筑物的承重和围护结构之一，分为承重墙（混凝土墙、砖墙）和非承重墙（砖墙、石膏板）。承重墙承受着楼板和屋顶的荷载，并将其传递给基础；非承重墙则主要起围护作用，不承受荷载。墙体的材料和构造方式根据建筑物的用途、结构和材料而异。根据不同材料，墙体可以分为混凝土墙、砖墙、砌块墙、石膏板墙等。墙体的构造方式包括实心墙、空心墙和复合墙等。

墙体的几何形状是构成其形式美的重要因素。不同的几何形状，能够带来不同的视觉效果和美感，矩形墙体和直形墙给人一种稳重而端庄、刚毅而有力的感觉，圆形墙体显得柔和而灵动（图 3-4），弧形墙能够给人一种柔和而流畅的感觉（图 3-5）。

墙体的层次感也是其形式美的重要体现。通过前后位置、凹凸、材质、色彩与造型的组合，能够营造出丰富的层次感和立体空间感（图 3-6）。例如，在砖墙中加入石材、玻璃等元素，能够增加墙体的层次感。

| 图 3-4 圆形墙 | 图 3-5 弧形墙 | 图 3-6 立体空间 |

合理的比例与尺度能够使墙体更加协调和美观。例如，高大的墙体给人一种雄伟而壮观的感觉，而矮小的墙体则显得亲切温馨。

墙体中线条的运用可以使墙体看起来更加美观、舒适和具有艺术感。流畅的线条能够带来一种优雅而动人的美感，硬朗的线条则显得刚毅而有力。例如，在墙体中加入流线形的装饰线条，能够增加墙体的动感和生命力。简洁明快的线条设计使墙体看起来更加干净利落，主次分明，彰显着高级的美感。通过不同线条的组合和运用，可以创造出丰富的层次感，使墙体看起来更加立体和生动。线条的色彩搭配也是体现墙体线条美的重要因素。通过合理的色彩搭配，可以使墙体看起来更加和谐、美观。线条的质感也是体现墙体线条美的重要因素。不同的线条材质和质感可以创造出不同的视觉效果和触感。墙体的线脚、檐口、窗框等细节的处理，也能够增加墙体的层次感和精致感。

光影效果能够增加墙体的神秘感和艺术美感。在墙体中加入光影元素，通过不同的光线投射和阴影映衬，能够营造出丰富的光影效果和氛围感。

墙体的材质是构成其美学元素的重要因素之一。不同的材质，如砖、石、木、混凝土等，具有不同的质感和美感。例如，砖墙的纹理和色彩能够带来一种古朴而温暖的感觉，而石墙则显得坚固而庄重。

墙体的美学元素是多元的，包括材质美、色彩美、造型美、比例美和细节美等。这些元素共同构成了墙体的美学价值，可为建筑增添独特的魅力。

3.1.3 梁板

住宅建筑的梁板结构是建筑物的主要承重结构。梁板结构由梁和板组成，梁主要承受垂直荷载，板主要承受水平荷载。梁板结构的类型和设计取决于荷载要求、跨度和材料等因素。常见的住宅建筑梁板结构类型包括：现浇钢筋混凝土梁板结构和预制装配式钢筋混凝土梁板结构等；钢结构建筑中的钢梁及传统建筑中的木梁。

梁是建筑结构的重要组成部分，梁的合理设计和布局能够使建筑更加稳固和安全，同时也能够展现出建筑的结构美。其结构形式和造型设计影响着建筑的整体外观和美感。梁的形态、比例、线条等都构成了其形式美。梁的形状和尺寸直接影响住宅建筑的外观及内部空间感。不同文化、不同时代的建筑梁结构都有其独特的形态和比例，可以创造出不同的视觉效果，如直梁、曲梁、斜梁（图3-7）等，中国古代建筑中的斗拱和悬臂梁，其独特的形态和比例赋予了建筑独特的韵律及美感。梁的造型可以根据建筑风格和设计要求灵活变化。如新月形梁，其两端呈弧形，梁身微微上拱，整体形象弯曲近似新月，因此被称为"月梁"（图3-8）。这种梁在南方建筑中常见，其形式优美，梁

图 3-7 斜梁

图 3-8 月梁

身柔曲，侧面施以雕刻纹样，给人留下深刻的印象。

梁作为建筑空间的一部分，可以营造出不同的空间感。如在大跨度的建筑中，梁的设计可以影响空间的划分和布局，通过不同的形式和造型设计，还可以创造出不同的空间感。如圆形空间给人以温馨、舒适的感觉，方形空间则给人以稳重、严谨的感觉。

梁的材料、质感也蕴含着美学元素。不同的材质具有不同的质感和视觉效果，木质、石质、金属等不同材料制成的梁，给人以不同的触感和视觉感受，如木材的天然纹理和质感，钢材的现代感和强度等。混凝土梁的形式美主要表现在其整体形态和结构线条上。例如，桥梁的梁体可以设计成简洁的直线或优雅的曲线，展现出独特的几何美。此外，混凝土梁的结构细节，如横截面、钢筋布置等，也可以通过精心的设计呈现出形式美。

梁上的雕刻、绘画等装饰丰富了其形式美感。中国古代建筑中的梁上常常有精美的木雕和彩绘，这些装饰不仅增加了梁的美感，也体现了建筑的精致和华丽。梁的形式美感还与其文化内涵有关。如中国古代建筑中的月梁，其优美的曲线和精致的雕刻纹样，体现了中国古代工匠的智慧和技艺。在传统建筑中，梁还被赋予了象征意义，体现了中国传统文化中对吉祥、美好的追求。梁的制造和装饰工艺也可以展现出其形式美感，如雕刻、绘画、镂空等工艺手法可以使梁的外观更加精美。在皇家建筑中，梁上常雕刻有龙、凤等图案，其雕刻技艺精湛，形象生动，展现出极高的艺术价值。

梁的美学元素是多元的，包括形式美、质感美、装饰美以及结构美等。这些元素共同构成了梁的美学价值，为建筑增添了独特的魅力。

梁的形式美感是通过结构、工艺、空间和文化内涵等因素的综合体现来展现的，它可以使建筑外观更加美观、独特和具有艺术价值。

3.1.4 柱

柱是建筑物的主要承重结构。柱主要承受垂直荷载和水平荷载。柱的截面形状和尺寸取决于荷载要求、跨度和材料等因素。常见的住宅建筑柱类型包括钢筋混凝土柱、钢柱等。

（1）柱的形式美分析

柱的形态、比例、线条等都构成了其形式美。不同文化、不同时代的柱都有其独特的形态和比例，如古希腊的多立克柱和伊奥尼亚柱采用圆柱形式，赋予建筑优雅和轻盈的外观。

柱的材料、质感也体现了其美学元素。例如，大理石、花岗岩等硬质材料制成的柱子，给人以坚固、庄重的感觉；而木质、竹质等软质材料制成的柱子，则给人以温馨、自然的感觉。柱子上的雕刻、绘画等装饰也丰富了其美学元素。例如，中式木结构建筑中的柱上精美细腻的木雕，古罗马的科林斯柱，其精致和复杂的装饰展示了罗马帝国的壮丽及荣耀。

（2）中、西式建筑柱子形式美的主要体现

中式建筑柱子的形式多样，有圆柱、方柱、八角柱等，每种形式都有其独特的美感。圆柱线条流畅，给人一种柔和而优雅的感觉；方柱显得稳重而庄重；八角柱则具有一种独特的几何美感。西式建筑柱子的形式有古典柱式和现代柱式等。古典柱式包括多立克柱、爱奥尼亚柱和

科林斯柱等，每种形式都有其独特的美感。多立克柱粗壮有力，给人一种庄重而坚实的感觉；爱奥尼亚柱显得轻盈而优雅；科林斯柱则给人一种精致和华丽的感觉。现代柱式更加注重简洁和功能性。

中式建筑柱子的材质有多种选择，如木质、砖质等。西式建筑柱子的材质也有多种选择，如大理石、花岗岩、玻璃等。每种材质都有独特的质感和美感。例如，木质柱子给人一种温暖而自然的感觉；大理石柱给人一种高贵而典雅的感觉；花岗岩柱则显得坚固而庄重。

中式建筑柱子常常有精美的雕刻，如龙、凤、花鸟等图案；西式建筑柱子也有精美的雕刻，如神话人物、花卉等图案。这些雕刻不仅增加了柱子的层次感和精致感，也体现了建筑的精致和华丽。

中式建筑柱子的色彩也有多种选择，如红色、黄色、黑色等。不同的色彩能够营造不同的氛围和表达不同的情感。例如，红色的柱子给人一种喜庆而热烈的感觉，黄色的柱子则显得明亮而温馨。

此外，柱子还具有象征意义。例如，在中式建筑中，柱子常常被赋予稳定和庄严的意义，反映了人们对权威和传统的崇敬；而在西式建筑中，柱子则强调纤细和比例的协调，突出了对美学和理性的推崇。这些元素共同构成了柱子的美学价值，为建筑增添独特的魅力。

3.1.5 屋顶

屋顶是建筑物的顶部覆盖物，它承受着风、雨、雪等自然力的作用，同时保护建筑物内部空间免受外界环境的影响。屋顶的结构形式和材料根据建筑物的用途、结构和材料而异。常见的住宅屋顶结构形式有平屋顶、坡屋顶等。

屋顶作为建筑的重要组成部分，其结构形式的美感对于整个建筑的视觉效果和空间感受具有至关重要的作用。合理的结构设计能够创造出丰富的空间层次和立体感，增强建筑的视觉效果。例如，悬山屋顶、歇山屋顶等传统屋顶形式在现代建筑中的运用，可以赋予建筑独特的艺术魅力和空间感。不同材料如木材、石材、混凝土等所呈现的质感与纹理各具特色，能够为屋顶赋予独特的视觉效果。通过合理的材料搭配和质感处理，可以创造出丰富的视觉效果。在屋顶结构形式美感分析中，传统与现代风格的融合是一个重要的方面。传统屋顶形式如悬山、歇山等，在保持其经典元素的基础上，可以与现代建筑设计理念相结合，形成既有传统韵味又不失现代感的屋顶形式。这种融合使得屋顶形式在保持传承的同时，又能满足现代审美需求。此外，通过运用不同的色彩搭配，可以赋予屋顶更加鲜明的个性和独特的魅力，增强屋顶的视觉效果和艺术表现力。例如，暖色调的屋顶给人以温馨、舒适的感觉，而冷色调的屋顶则给人以清新、明亮的视觉感受。

屋顶的形式应该根据建筑的功能需求和环境特点进行设计，以满足遮阳、排水、保温隔热等功能需求。同时，通过合理的结构设计和技术手段，可以实现形式与功能的和谐统一，创造出既实用又具有美感的屋顶形式。文化元素的体现与表达是不可或缺的。不同的文化背景和历史传统孕育了多样化的屋顶形式。通过借鉴和运用传统屋顶形式中的文化元素，并结合现代设计手法，可以创造出具有地域特色和文化内涵的屋顶形式，增强建筑的文脉延续性。

在现代建筑设计中，可持续性和环保理念越来越受到重视。通过采用环保材料和绿色技术手段，如太阳能利用、雨水收集等，实现屋顶的可持续发展，为建筑带来更加环保和节能的效果。同时，这种可持续性和环保理念的应用也有助于提升屋顶的形式美感，使其更加符合现代审美需求和社会发展趋势。

3.1.6 门窗

门窗是建筑物的进出通道，其不仅要满足人们的出入需要，还要起到通风、采光、保温等作用。门窗的结构形式和材料根据建筑物的用途、结构和材料而异。常见的门窗材料有铝合金、塑钢、木制品等。

门窗作为建筑的重要组成部分，其结构形式对建筑整体的美感产生着深远的影响。随着科技的进步和人们审美观念的演变，门窗结构的形式也在不断变化和创新。因此，门窗结构形式美感分析对于提升建筑设计水平和满足人们日益增长的美好生活需要具有重要意义。

门窗的比例和尺度是影响其形式美的重要因素。门窗的大小、形状和位置应该与建筑的整体比例和尺度相协调，以营造出和谐、美观的视觉效果。比例关系也是影响门窗结构美感的重要因素。门窗各部分的比例应协调、平衡，以达到良好的视觉效果。例如，合适的窗扇与窗框比例可以使门窗显得更加美观大方。不同材质的门窗有着不同的质感、光泽度和纹理等特性，能够呈现出不同的视觉效果。木质门窗的天然纹理和色泽给人以温馨、自然之感；铝合金门窗的光泽度较高，给人以现代、时尚之感。门窗的材质和质感也是影响其形式美的重要因素。不同的材质和质感可以创造出不同的视觉效果和触感，如木质的温馨、金属的现代等。门窗的线条、轮廓和细节处理也可以创造不同的视觉效果，如简洁明快的直线、优雅流畅的曲线等。合理的色彩搭配和光影运用可以营造出不同的氛围和情感，如温暖的暖色调、清新的冷色调等。

建筑门窗的形式美是通过比例与尺度、材质与质感、造型与细节、色彩与光影等因素的综合运用来体现的，它可以使室内空间看起来更加协调、美观、舒适和具有艺术感。

3.2 室内设计中的空间

室内设计中的空间是一个多维度、多层面的概念，它不仅仅是物理上的三维区域，还涉及使用者的心理感受、功能需求以及美学追求等多个方面。

3.2.1 空间功能

空间功能是指空间被使用的不同目的或所承载的各种活动和属性。具体来说，空间功能可以从多个维度和领域进行解释。

（1）广义的空间功能

在广义上，空间功能涵盖了人类活动所依赖的各种场所和环境所具备的功能，这些功能包括但不限于以下内容。

① 居住功能。空间作为人们居住的地方，应提供舒适和安全的条件，满足人们的生活需要，例如，住宅、公寓、别墅等。

② 工作功能。空间提供了工作场所，支持人们进行各种职业活动，包括办公室、工厂、实验室等，这些空间应具备良好的工作环境和设施。

③ 商业功能。空间承载了商业活动，如商场、商店、超市等，提供商品和服务的场所，方便人们的购物和消费。

④ 教育功能。学校是教育的重要载体，提供学习和教学的环境，包括中小学、大学、培训机构等。

⑤ 娱乐功能。空间为人们提供娱乐和休闲的场所，如剧院、电影院、游乐园和运动场等，满足人们放松和社交的需求。

⑥ 文化功能。空间是文化活动展示和传承的载体，如博物馆、图书馆和画廊等，承载了文化知识和艺术作品的展示与研究。

⑦ 社交功能。咖啡厅、酒吧、餐厅和公园等提供了人们聚会和交流的场所，满足人们社交的需求。

⑧ 交通功能。机场、车站、码头和公路等提供了人们从一个地方到另一个地方的交通设施和服务。

⑨ 医疗功能。医院、诊所和药店等提供了治疗和医疗服务的场所，为人们的健康保障提供支持。

（2）特定领域的空间功能

① 地理学和景观设计。在地理学中，空间功能是指地理空间中各种要素之间的相互作用和联系，包括自然地理功能和人文地理功能。

景观设计中的空间功能，侧重于通过创造和改造环境，为人们提供具有特定功能和美感的空间，如公园、庭院等。

② 空间科学。在空间科学领域，空间功能更多地与宇宙空间相关，研究宇宙中的各种天体、空间环境和宇宙起源及演化等问题。

③ 空间计算。空间计算是一个融合了计算机科学、数学、地理信息科学等多学科领域的概念，涉及对空间数据和空间关系的处理与分析能力。它使计算机能够理解和处理与空间位置相关的信息，从而在城市规划、环境监测、自动驾驶等多个领域发挥重要作用。

空间功能是一个多维度、多领域的概念，它涵盖了人类活动的各个方面和环境的各种属性。在不同的领域和视角下，空间功能具有不同的内涵和应用价值。

3.2.2 空间动线

（1）定义与意义

空间动线是一个涉及室内设计和建筑布局的重要概念，它主要指的是人在室内或室外活动时移动的点所连接起来的轨迹。简单来说，空间动线是指人在室内空间中移动时所经过的路径和轨迹。这个轨迹不仅影响空间的使用效率，还直接关系到居住者或使用者的舒适度和体验感。这个概念在室内设计和建筑规划中占据重要地位，因为它直接关系到居住的舒适度、空间的有效利用以及日常活动的流畅性。

（2）空间动线的分类

在居住空间中，动线主要分为以下三大类。

① 居住动线。指家庭成员进行日常居家活动时走动的路线。设计时应考虑居住者日常生活行动路线的最优化，同时也要保证居住者的私密空间能得到有效保护。

② 家务动线。主要涉及进行日常家务劳动时走动的路线。设计上需要尽可能保证动线的科学性，将部分空间连通合并，减少墙体之间的障碍阻隔，以便于不重复劳动，拿取用品便捷高效。

③ 访客动线。指家里来客时，客人所走的路线。设计时应保证公区的宽敞流畅，同时也要保护居者隐私，避免访客活动范围进入卧室等私密区域。

（3）空间动线的设计原则

① 短而便捷。两个动作或操作节点之间的时间效率是判断动线好坏的关键指标。动线设计应尽可能缩短移动距离，提高时间效率。

② 避免交叉。动线之间相互交叉的部分越少越好，以避免在使用时造成冲突和不便。

③ 功能分区明确。在动线设计时，应明确各个功能区域的位置和范围，避免混淆和混乱。

④ 考虑私密性。在设计居住动线和访客动线时，应充分考虑居住者的隐私需求，避免不必要的暴露和干扰。

（4）空间动线应用实例

以某户型设计为例，设计师通过合理的空间动线规划，将客厅、厨房、卧室等功能区域紧密连接在一起，同时保持各自的独立性（图3-9）。玄关作为入户的第一道空间，巧妙地连接了客厅和餐厅，形成了流畅的动线。厨房采用开放式设计，与餐厅紧密相连，便于烹饪和就餐时的互动。卧室则设置在相对私密的位置，避免了访客动线的干扰。这样的设计不仅提高了空间的使用效率，还增强了居住者的舒适度和体验感。

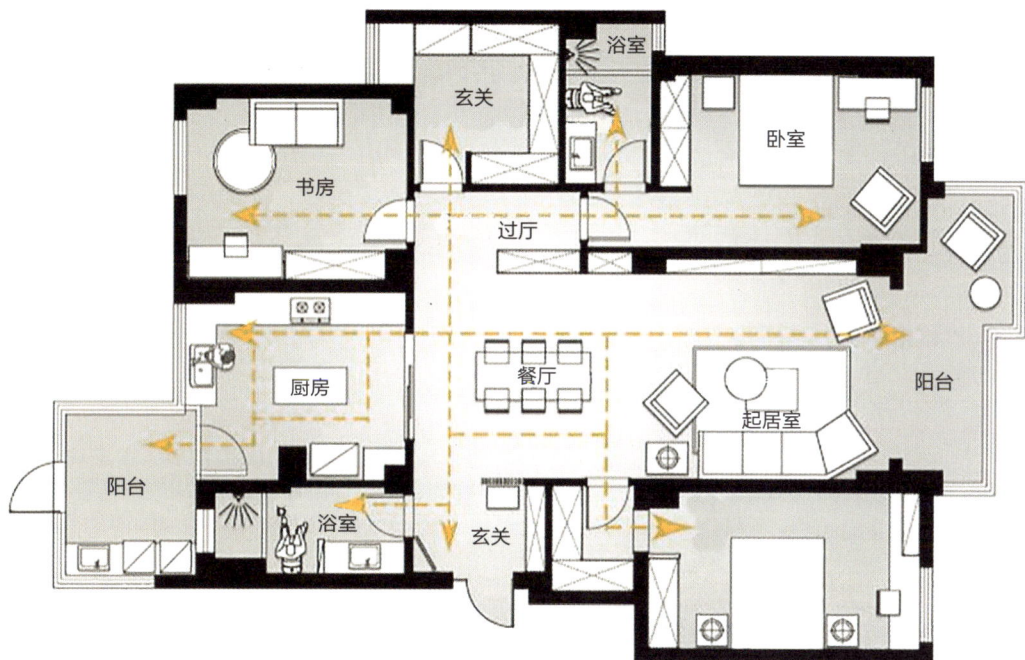

图 3-9　空间动线规划

　　一个合理规划的动线能够减少不必要的移动，提高生活效率，同时增强空间的开放感和通透性。此外，动线的规划还需要考虑家庭成员的特殊需求，如老人和儿童的安全性，以及残疾人的无障碍设计。

3.2.3 室内设计中的视觉元素

　　室内设计中的视觉元素是形成空间美感和氛围的重要组成部分，它们通过视觉上的刺激和感受，直接影响着居住者或使用者的心理和情感。

3.2.3.1 色彩

　　色彩是室内设计中最为重要的视觉元素之一。不同的色彩能够引发人们不同的视觉感受和心理反应。例如，红、橙、黄等暖色系色彩能带来温暖、活力的感觉，青、蓝、绿等冷色系色彩能营造出冷静、沉稳的氛围。在室内设计中，色彩的运用需要考虑空间的功能性、使用者的偏好以及整体风格的协调性。在室内设计中，色彩是极其重要且富有表现力的元素之一，它不仅影响着空间的视觉效果，还深刻地塑造着空间的氛围和情感。

（1）色彩的基本概念

　　色彩由色相、明度、纯度三要素构成，是光作用于物体表面并反射到人眼所产生的一种视觉属性（图 3-10）。在室内设计领域，设计师依据自然色彩所得的丰富感受，融入自己的思想感情与创造才能，运用各种设计手法进行合理的夸张与重新组合，以达到更理想化的视觉效果。

（2）色彩的分类与运用

按照色彩面积和重要程度，室内色彩通常可以分为背景色、主体色和强调色（点缀色）（图3-11）。

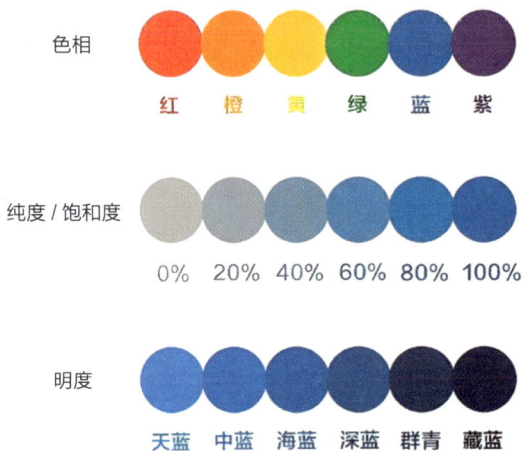

图 3-10 色彩的构成

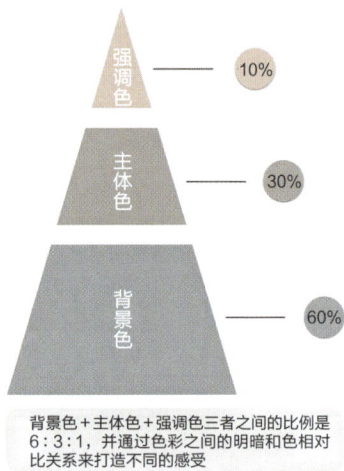

背景色+主体色+强调色三者之间的比例是6:3:1，并通过色彩之间的明暗和色相对比关系来打造不同的感受

图 3-11 色彩分类

① 背景色。作为大面积色彩，对其他室内物件起衬托作用，如地板、墙面、天花和大面积隔断等颜色。背景色是室内色彩设计中需要首要考虑和选择的因素。

② 主体色。在室内占有统治地位的家具和陈设所形成的大面积色块。主体色的配色方式有两种：一种是与背景色形成对比，另一种是与背景色相协调。

③ 强调色（点缀色）。作为室内重点装饰和点缀的面积小却非常突出的颜色。为打破单调的环境，点缀色常选用与背景色形成对比的颜色。

（3）色彩搭配原则

① 配色三要素。色相、明度、纯度的合理搭配是色彩运用的关键。

② 前进色与后退色。前进色会让空间显小，后退色则会让空间显大。在设计小空间时，可以适当运用后退色来扩大视觉空间感。

③ 上升色与下沉色。上升色给人以开阔、飘浮的感觉，下沉色则给人以稳重、厚重的感觉。可以根据空间需求选择合适的色彩搭配。

（4）色彩风格与搭配

不同的室内设计风格对色彩的要求和搭配方式也有所不同。

① 北欧风。以白色为基调，搭配原木色和墨绿色等自然色彩，营造出清新、自然、舒适的空间氛围。

② 简约风。以白色、灰色和黑色为主色调，通过简洁的线条和色彩搭配来展现空间的简约与时尚。

③ 新中式。在传统中式风格的基础上融入现代元素，以白色和原木色为基调，搭配金属

铜色、灰蓝等自然色彩，营造出既有传统韵味又不失现代感的空间氛围。

（5）色彩运用的注意事项

① 色彩的情感作用。不同的色彩会引起人的不同情绪反应。例如，蓝色有助于放松和镇静，红色则代表热情和活力。因此，在选择色彩时，应考虑其对人的心理影响。

② 色彩与健康。某些色彩可能对健康产生积极或消极的影响。例如，黄色可以增进食欲，但长时间接触高纯度黄色可能让人感到慵懒；红色可以激发热情，但过多使用可能使眼睛产生视觉疲劳。

③ 避免大面积使用单一色彩。长时间接触单一色彩可能导致视觉疲劳。因此，可以使用中性色作为背景色，再用鲜艳的色彩进行点缀和装饰。

④ 考虑光照条件。自然光和人造光都会影响色彩的呈现效果。因此，在选择色彩时，应考虑房间的光照条件并进行适当调整。

⑤ 考虑居住者的喜好。色彩的选择应满足居住者的喜好和个性需求。在符合色彩搭配原则的前提下，可以充分发挥居住者的想象力和创造力来打造个性化的室内空间。

室内设计中的色彩运用是一门复杂而精妙的艺术。通过合理的色彩搭配和运用方式，不仅可以营造出美观、舒适的空间环境，还可以满足居住者的心理和情感需求。

3.2.3.2 形状

形状是构成室内空间的基本要素之一。不同的形状能够营造出不同的空间感和视觉效果。例如，直线条能够带来简洁、明快的感觉，曲线则能增添柔和、温馨的氛围。在室内设计中，形状的运用需要考虑家具、装饰品等物体的形态以及它们与空间的整体关系（图3-12）。

图 3-12　空间形状

室内设计中的形状不仅影响空间的美观性，还直接关系到空间的功能性和居住者的舒适度。在室内设计中，形状直接影响着空间的视觉效果、功能布局以及整体氛围的营造。

（1）形状的定义与分类

在室内设计领域，形状是指物体或空间的外部轮廓或边界。在三维空间中，形状是设计师工作的起点，它比其他元素更为基础。形状是存在于轮廓之间的质量或体积的整体，包括任何凸起和凹陷，还可能包括内部平面——三维形式上相对平坦的区域。根据不同的分类标准，形状可以划分为多种类型。

① 几何形状。如圆形、三角形、正方形等，这些基本形状在三维空间中延伸为球体、圆柱体、锥体、金字塔和立方体等。几何形状主导着建筑和室内设计的建成环境。

② 自然形状。代表了自然世界的图像和形式，这些形状可能是通过简化的过程抽象出来的，但仍然保留其自然来源的基本特征。

③ 非客观形状。不明显参考特定对象或主题，可能是具有一定意义的符号或是纯粹的几何形状。

（2）形状在室内设计中的作用

形状可以有效地划分空间，如使用矩形来定义房间的边界，或利用圆形来创造焦点。不同的形状组合可以形成丰富的空间层次，通过巧妙运用不同形状（直线与曲线、规则与不规则、几何与有机）的组合、对比和重复，设计师能够构建实用且高效的空间布局、控制人对空间的感知（大小、高低、平衡）、激发特定的情绪和营造氛围、清晰地表达设计风格和主题，最终创造出既美观又舒适、既个性鲜明又功能完备的室内环境。

① 塑造空间感。不同的形状能够营造出不同的空间感。例如，直线形状（如长方形）能够营造出稳定、有序的空间氛围；通过方形与圆形的组合来创造视觉上的对比与和谐；曲线形状（如圆形或弧形）则能够增加空间的柔和感及流动性。

② 引导视线流动。通过巧妙地运用形状，设计师可以引导居住者的视线流动，从而创造出更具层次感和深度的空间效果。例如，利用弧形或流线型的设计元素来引导视线穿过空间，使空间显得更加宽敞和通透。

③ 视觉焦点与引导。特定的形状（如圆形或三角形）可以作为视觉焦点，吸引人们的注意力。形状的边缘可以引导视线流动，通过线条的曲折、延伸等手法，使空间显得更加生动有趣。

④ 氛围营造与情感表达。不同的形状能够传达不同的情感信息，如圆润的曲线给人以温馨、柔和的感觉，尖锐的直线则可能带来冷峻、现代的氛围。形状与色彩、材质等元素的结合，可以营造出特定的室内环境氛围。

⑤ 增强功能性。形状在室内设计中还扮演着增强功能性的角色。通过合理地规划空间形状，设计师可以更好地满足居住者的实际需求。例如，在厨房设计中采用 L 形或 U 形布局，可以更有效地利用空间并提高烹饪效率。

⑥ 提升美学价值。形状是构成室内美感的重要因素之一。通过运用不同的形状和组合方式，设计师可以创造出丰富多样的视觉效果和独特的空间氛围。这不仅能够提升居住者的审美体验，还能够增加空间的艺术感和趣味性。

（3）形状的应用技巧

① 重复与对比。在室内设计中，可以通过重复某种形状来强化整体风格，或利用形状的对比来突出设计重点。重复的形状可以增强空间的统一性和节奏感，对比的形状则能打破单调，增加空间的活力。

② 融合与创新。在传统形状的基础上进行创新，融合现代审美和实用需求，创造出既具有美感又符合功能要求的室内空间。例如，将自然形状的元素融入现代家居设计中，既能展现自然之美，又能提升空间的舒适度。

③ 功能性与美观性并重。在选择和应用形状时，需要充分考虑其功能性需求。例如，在厨房设计中，应选用易于清洁且符合烹饪流程的几何形状；在客厅设计中，应注重形状的舒适度和美观性。

（4）形状的应用实例

① 墙面设计。在墙面设计中，可以利用不同的形状来打造独特的视觉效果。例如，使用圆形或弧形的装饰元素来软化空间线条，增加空间的柔和感；或者使用几何形状的图案来增强墙面的立体感和层次感。

② 家具设计。家具的形状也是室内设计中的重要元素之一。通过选择不同形状的家具来搭配空间，可以实现空间的有效利用和风格的统一。例如，在客厅中摆放一款流线形的沙发和一张圆形茶几，可以营造出轻松愉悦的氛围；而在卧室中则可以选择一款方形或长方形的床来营造出稳重舒适的感觉。

③ 空间布局。在空间布局中，形状的运用也至关重要。通过合理地规划空间形状和布局方式，可以实现空间的高效利用和功能的完善。例如，在餐厅设计中可以采用开放式或半开放式布局，将餐厅与客厅或厨房连通，从而营造出更加宽敞明亮的用餐环境。

形状在室内设计中扮演着至关重要的角色，它不仅影响空间的美观性和功能性，还直接关系到居住者的舒适度和审美体验。因此，在进行室内设计时，需要充分考虑形状的应用和组合方式，以创造出更加优秀的设计作品。

3.2.3.3 质感

（1）质感的定义

质感是指物体表面的材质和纹理所呈现出的视觉和触觉效果。不同的材质和纹理能够给人带来不同的视觉体验及感受。例如，木质材料能够展现出自然、质朴的感觉，金属和玻璃则能带来现代、时尚的气息。在室内设计中，质感的运用需要考虑空间的功能需求、使用者的喜好以及整体风格的定位。

（2）质感的表现方式

① 视觉质感。人们通过视觉可以感知材料表面的许多质感特征，如光泽度、色彩、纹理等。这些特征在光线的照射下会呈现出不同的光影效果，从而增强或削弱材料的质感表现。例如，抛光石材、玻璃、金属等材料因其细密、光亮、质地坚硬的特性，往往给人以精密、轻

快、冷漠的视觉感受。

② 触觉质感。触觉质感是真实存在的，可以通过触摸来感受材料的软硬、冷暖、粗糙度等特性。这种质感体验更为直接和真实，是人们对材料质感最直接的认识途径。

（3）质感在室内设计中的应用

① 材料选择。不同的材料具有不同的质感特征，如木材、藤材、毛皮、纺织品等材料具有亲切、温暖、柔软、含蓄、安静等特点；抛光石材、玻璃、金属等材料具有精密、轻快、冷漠等特点。在室内设计中，应根据空间的功能需求和设计风格选择合适的材料，以营造出符合要求的氛围和效果。

② 质感对比。运用不同质感的材料进行对比，可以加强空间的视觉丰富性（图 3-13）。例如，在一个以冷色调为主的现代简约风格空间中，可以适当加入一些温暖质感的木材或纺织品元素，以打破单调感并增加空间的温馨感。

③ 肌理的运用。肌理是材料表面的一种形态特征，它可以由物体表面的起伏产生，也可以由图案纹理产生。不同的肌理会给人不同的质感印象。在室内设计中，可以通过加工手段改变材料的表面肌理，创造出独特的视觉效果和触感体验。例如，通过雕刻、印刷、敲打等手段在材料表面形成不同的纹理和图案，从而增强空间的层次感和趣味性。

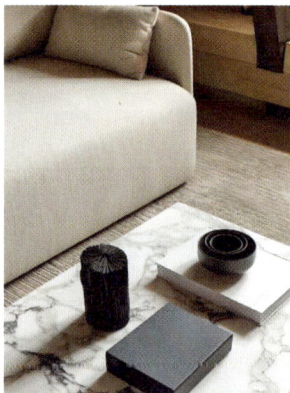

图 3-13　材料质感对比

（4）质感与室内环境的关系

质感是室内环境中不可或缺的元素之一。它不仅影响着空间的视觉效果和氛围营造，还直接关系到人们的使用体验和情感反应。一个具有良好质感的室内环境能够提升人们的居住品质和生活幸福感。因此，在室内设计中应充分重视质感的应用和表现。

室内设计中的质感是一个复杂而多维的概念。在实际应用中，应根据空间的功能需求和设计风格选择合适的材料及质感表现方式，以营造出符合要求的室内环境。

3.2.3.4 光线

光线是室内设计中不可忽视的视觉元素之一。通过合理的光线设计，可以改变空间的氛围和视觉效果。例如，自然光的引入可以带来明亮、开阔的感觉，人工照明则可以营造出温馨、舒适的氛围。在室内设计中，光线的运用需要考虑光源的类型、位置和强度等因素。光线不仅关乎照明，还直接影响空间的氛围、视觉效果和居住者的情感体验。

（1）光线的定义与分类

① 定义。设计中的光是室内空间环境中所涉及的可见光，主要是人眼可以接受的电磁辐射。从物理学角度来看，光通过棱镜分光后分解成各种光谱成分，人类通过这些光谱成分的不同分配而感知到特定的颜色。

② 分类。光源主要分为自然光和人工光两大类。

a. 自然光。自然光是来自太阳，通过窗户、天窗等室外通道进入室内的光线，具有温暖、柔和、均匀的特点。自然光是一种理想的光源，它不仅能提供充足的照明，还能为室内带来温暖和活力。为了最大化利用自然光，设计中应尽量保持窗户的通透性，选择透明的窗帘或纱帘，避免阻挡阳光的进入。

b. 人工光。人工光是通过灯具等人工光源提供照明的光线，具有可控性强、灵活多变的特点。在夜晚或光线不足的情况下，人工光源起到关键作用。根据照明需求和设计风格，可以选择不同类型的灯具和光源，如吊灯、吸顶灯、壁灯、台灯、落地灯以及 LED 灯、荧光灯等。

（2）光的色温

色温是指光源发出的光的颜色，一般以开尔文（K）为单位表示。不同色温的光线会形成不同的氛围和情绪（图 3-14）。

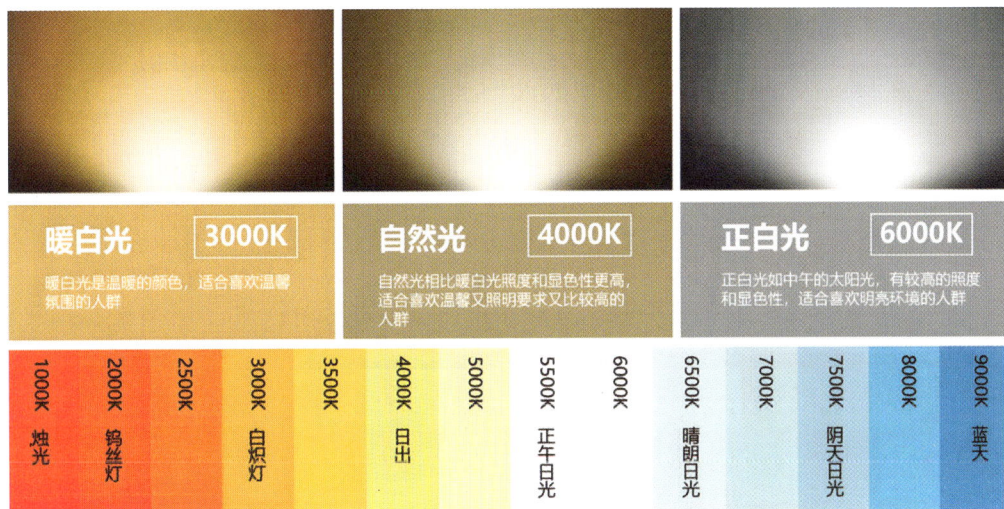

图 3-14　光的色温

① 冷色光（高色温）。光线偏蓝，适合需要提神和集中精力的场所，如办公室、厨房等。冷色调的灯光能够营造出明亮、清晰的环境，有助于提高工作效率。

② 暖色光（低色温）。光线偏黄，适合需要营造温馨和舒适感的场所，如卧室、客厅等。暖色调的灯光能够营造出温馨、浪漫的氛围，有助于放松身心。

（3）光的作用

① 照明功能。光最基本的作用是提供照明，使人们在室内空间中能够清晰地看到物体和空间结构。

② 塑造空间。通过不同的照明方式、灯具造型、光照强度和色彩，光可以营造出多种多样的视觉空间效果，如明亮宽敞、晦暗压抑、温馨舒适等。

③ 美化环境。光是美化室内环境的重要手段之一。通过精心设计的照明方案，可以增强空间的艺术感和层次感，营造出独特的氛围和情调。

④ 心理影响。光对居住者的心理也有显著影响。温暖、柔和的光线能够营造温馨、舒适的氛围，有助于放松身心；明亮、冷色调的光线则更适合需要清醒、专注的场合。

（4）照明布局

照明布局是指在室内设计中合理地安排灯光设施的位置和数量，以实现最佳的照明效果和氛围营造（图 3-15）。

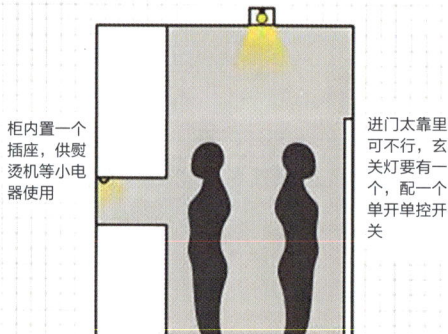

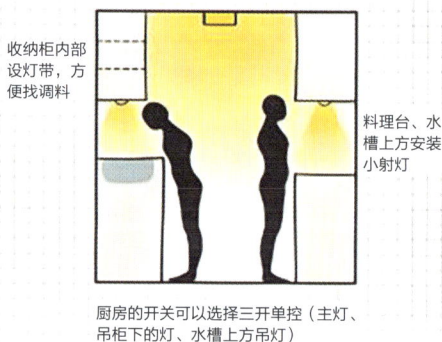

图 3-15　灯光布局

① 基础照明。基础照明为整个空间提供均匀的照明，如吊灯、吸顶灯等。基础照明是室内设计中最基本的照明方式，能够满足日常的照明需求。

② 辅助照明。辅助照明是灯光不直接作用在人通常所在的区域，主要是对空间的氛围起烘托作用，达到装饰效果，如灯带、灯串、壁灯等。辅助照明能够增强空间的层次感和艺术感，营造更加丰富的视觉效果。

③ 重点照明。重点照明是对部分空间或物体进行着重照明，如射灯、台灯、筒灯等。重点照明能够突出空间的焦点或物体的特色，增强视觉效果和表现力。

（5）光线的运用技巧

① 最大限度地利用自然光。尽量保持窗户的通透性，选择透明的窗帘或纱帘，使更多的自然光线进入室内。合理安排家具和隔断，避免阻挡阳光。

② 合理使用人工光源。在夜晚或光线不足的情况下，人工光源起到关键作用。根据空间的需求和氛围要求，选择合适的灯具和照明方式。例如，吊灯适合为整个房间提供均匀的照明，壁灯则适合为墙面增加柔和的光线。

③ 调节光线的亮度和色温。安装调光器可以根据需要调整光线的亮度和色温，以满足不同的活动和场景需求。例如，调暗灯光可以营造浪漫的氛围，而增加亮度则可以提高工作效率。

④ 利用反射和折射。利用镜面、玻璃、光滑的地板等表面的反射和折射效应可以增加光线的分散和传播，提高空间的明亮度和通透感。

⑤ 注意眩光的控制。眩光是引起视觉不舒适和降低物体可见度的重要原因。在照明设计中应避免产生直接眩光和反射眩光，通过合理的灯具布局和光源设计来减少眩光对居住者的影响。

在室内设计中，光线是一个不可忽视的重要因素。通过合理运用光线，可以营造出舒适、美观、富有感染力的室内环境。室内设计中的光线涉及光的种类、色温、照明布局以及光线的运用技巧等多个方面。设计师应根据空间的需求和氛围要求，通过合理的光线设计，充分发挥光线的照明、塑造空间、美化环境和心理影响等多方面的作用，从而营造出舒适、美观、富有层次的室内空间环境。

3.2.3.5 图案与纹理

图案是表面的装饰设计或元素，以独特而重复出现的形状、形式或颜色为特点。图案的重复性赋予装饰表面一种特定的秩序感和视觉冲击力。图案与纹理是室内设计中增强视觉效果的重要手段，不同的图案和纹理能够给人带来不同的视觉体验。例如，抽象图案能够展现出前卫、时尚的感觉，而自然纹理则能增添温馨、亲切的氛围。在室内设计中，它们可以通过壁纸、地毯、窗帘等装饰物来展现。

（1）图案

图案在室内设计中扮演着装饰和表达主题的重要角色。它可以是抽象的，也可以是具象的，通过色彩、形状和线条的组合，创造出丰富多彩的视觉效果。

① 传统纹样。如回纹、祥云纹等，这些纹样富有中国文化内涵，常用于新中式风格的室内设计中，增添空间的文化底蕴和艺术气息。

② 现代图案。包括几何图形、抽象艺术图案等，更加简洁、现代，适合现代简约或工业风等设计风格。

③ 异质图案。如彩陶图案、玉石图案、青铜器图案等，这些图案独特且具有历史感，能够为室内空间带来别样的风情。

④ 图案应用

a. 墙面装饰。壁纸、壁画、墙绘等都是展示图案的好方式，可以单独使用，也可以与家具、窗帘等搭配。

b. 地面装饰。地毯、瓷砖等地面材料上的图案也能为空间增添亮点，同时起到划分区域的作用。

c. 家具与软装。沙发、抱枕、窗帘等软装上的图案可以与整体设计风格相呼应，提升空间的整体感。

d. 风格匹配。图案的选择应根据室内设计的整体风格来确定。例如，现代简约风格可能适合简洁、几何线条或抽象图案，而古典风格则可能倾向于选择传统花纹或浮雕图案。

e. 比例与平衡。图案在应用时需要注意其与空间的比例和平衡。过大或过小的图案都可能影响整体效果。同时，图案的分布也应均匀，避免过于拥挤或稀疏。

f. 色彩搭配。图案的色彩应与室内环境的整体色彩方案相协调，以营造和谐的视觉效果。

图 3-16 为图案在室内设计中的应用。

图 3-16　图案在室内设计中的应用

（2）纹理

纹理是指物体表面的质感或视觉上的细腻程度，它同样对室内设计的视觉效果产生重要影响。纹理是材料的固有特征，它描述了材料表面的粗糙度、光滑度、光泽度以及组织结构等特性（图 3-17）。纹理可以通过触觉和视觉两种方式被感知。

① 自然纹理。自然纹理如图 3-18 所示。

图 3-17 纹理的固有特征

图 3-18 自然纹理

a. 木纹。如橡木、胡桃木、榆木等木材的纹理，它们各自具有独特的质感和美感，能够为空间带来自然、温馨的氛围。

b. 石材纹理。大理石、花岗岩等石材的纹理自然、大气，适合用于客厅、餐厅等公共空间的地面或墙面装饰。

c. 织物纹理。如丝绸、棉麻等织物的纹理细腻、柔软，适合用于窗帘、沙发等软装材料，增添空间的舒适度。

② 人造纹理

a. 壁纸纹理。现代壁纸技术可以模仿出各种自然纹理或创造出独特的图案和纹理，为室内空间提供更多选择。

b. 涂料纹理。通过特殊的涂刷技术或添加特殊材料，可以在墙面上创造出丰富的纹理效果，如仿石漆、肌理漆等。

③ 应用效果。不同的材料具有不同的纹理特征，选择适宜的纹理材料是创造室内空间质感的关键。例如，粗糙的木质材料可以赋予空间乡村感，光滑、光亮的材料则可能使空间看起来更加现代和时尚。

纹理不仅能影响空间的视觉效果，还能通过其特有的质感和触感传达出不同的情感氛围，如温馨、冷峻、自然等。

将不同的纹理进行组合和对比，可以创造更加丰富多样的视觉效果。例如，在现代风格的家居中，可以在简洁的墙面上搭配具有纹理的装饰元素，增加空间的艺术感。通过对比不同材质的纹理质感，可以强调空间的重点区域或引导视觉焦点。不同纹理的叠加使用可以营造出丰富的层次感，使空间显得更加立体和有趣。纹理不仅可以通过视觉感知，还可以通过触觉体验。在设计中应注重纹理的视觉与触觉双重效果，以提升空间的整体品质。

（3）图案与纹理的关系

图案与纹理在室内设计中是相互依存、相辅相成的。图案为空间提供了视觉上的装饰效果，而纹理为空间增添了质感和深度。两者通过不同的表现方式和组合方式，共同营造出室内空间的独特氛围和个性特征。

在实际应用中，应根据空间的功能需求、风格定位以及居住者的喜好等因素综合考虑图案与纹理的运用。通过合理的选择和搭配，可以创造出既美观又实用的室内空间环境。

（4）装饰品

室内设计中的装饰品在营造空间氛围、提升居住品质方面扮演着至关重要的角色。它们不仅能够美化空间，还能彰显主人的个性和品位。装饰品是室内设计中的点睛之笔。它们可以通过色彩、形状、质感等视觉元素来增强空间的美感和个性。例如，艺术品、摆件、绿植等装饰品都可以为室内空间增添亮点和趣味。

装饰品往往承载着特定的文化内涵和艺术价值。通过选择具有文化特色的装饰品，可以展现居住者的文化品位和审美追求。装饰品也是传递情感和信息的重要载体。例如，家庭合照、纪念品等装饰品能够激发人们的情感共鸣和回忆。

① 装饰品的分类

a. 功能性品类。这类室内陈设品不仅具有实用功能，还具有一定的装饰作用。例如，灯饰、餐具、窗帘、地毯、沙发、桌椅等，它们在满足日常使用需求的同时，也通过其造型、色彩和材质为室内空间增添美感。

b. 艺术品类。纯粹用于观赏的装饰品，如工艺品、绘画、壁挂、雕塑、陶艺等。这些艺术品通常具有高雅的格调、优美的造型和深厚的文化内涵，能够陶冶情操，提升室内空间的精神价值。

c. 绿化类。包括盆栽、插花等植物类装饰品，以及山石、水体等自然元素。它们不仅能够净化空气，还能为室内空间带来生机与活力，营造自然和谐的氛围。

② 装饰品的选择原则

a. 考虑空间大小。对于小空间，应选择体积小巧、造型简洁的装饰品，以避免空间显得过于拥挤；对于大空间，则可选择大尺寸、造型夸张的装饰品，以营造气派的氛围。

b. 考虑家庭成员的喜好。装饰品的选择应尊重家庭成员的兴趣爱好，如孩子可能喜欢色彩艳丽、形态可爱的装饰品，而青少年则可能更倾向于时尚个性的选择。

c. 与家居风格相匹配。装饰品应与家居的整体风格相协调，确保整个空间的和谐统一。例如，简约风格的家居适合选择线条简洁、色彩素雅的装饰品，而欧式风格的家居则更适合选择华丽繁复、色彩浓郁的装饰品。

d. 注重季节性变化。装饰品可以根据季节变换进行更替，如春季可以选择鲜花、绿植等清新的装饰品；冬季可以选择圣诞树、雪花等节日氛围浓厚的装饰品。

装饰品的风格应与室内整体风格保持统一或形成对比。统一风格能够强化整体感，而对比风格能增加空间的趣味性和层次感。在选择装饰品时，要充分考虑室内空间的色彩、材质、线条等元素，以确保装饰品与空间环境的和谐统一。

③ 装饰品的布置技巧。室内设计中的装饰品不仅是美化空间的工具，更是传递文化、表

达情感的重要载体。通过精心选择和巧妙搭配装饰品，可以创造出既美观又舒适的居住环境。因此，在进行室内设计时，应充分重视装饰品的选择与搭配。

a. 色彩搭配。装饰品的色彩应与室内色彩方案相协调。可以通过色彩对比或色彩呼应的方式，使装饰品成为空间中的亮点或点缀。避免使用过于突兀或刺眼的色彩搭配，以免破坏整体空间的和谐氛围。

b. 利用光线。光线是展示装饰品美感的重要因素。通过合理布置灯光或利用自然光，可以突出装饰品的质感和色彩，营造温馨舒适的氛围。

c. 创造焦点。在室内空间中设置一个或多个焦点，如挂画、雕塑或大型装饰品等，可以吸引人们的注意力，使空间更加有层次感和深度。

d. 平衡与对称。装饰品的布局应遵循一定的美学原则，如对称、均衡、层次等。通过合理的布局搭配，使装饰品在空间中形成有机的整体，在视觉上达到和谐统一的效果。

e. 注重细节。在选择和搭配装饰品时，要注重细节处理。例如，装饰品的材质、纹理、形状等都要与室内环境相协调；装饰品的摆放角度和高度也要经过精心调整，以达到理想的视觉效果。

室内设计中的视觉元素包括色彩、形状、质感、光线、图案与纹理，以及装饰品等多个方面。这些元素相互作用、相互影响，共同构成了室内空间的整体视觉效果和氛围。在设计中，需要根据空间的功能需求、使用者的喜好以及整体风格的定位来合理运用这些视觉元素，以创造出舒适、美观、富有个性的室内空间。

第4章
/ 室内设计与数字技术的融合

4.1 室内设计与数字技术

　　数字技术是以计算机为核心的现代信息处理技术，包括数据处理、通信技术和计算机技术等。在室内设计中，数字技术可以帮助设计师进行精确的空间规划、材料选择、光影模拟等，提高设计效率和质量（图4-1）。随着计算机技术的发展，数字辅助设计软件成为室内设计中不可或缺的工具。通过CAD、SketchUp、Revit等软件，设计师能够快速构建、修改和优化设计方案。数字软件不仅提高了设计效率，而且为设计师提供了更为丰富的表达手段和更为精准的数据分析功能。VR和AR技术的出现，为室内设计带来了革命性的变革。设计师可以利用VR、AR技术，为客户创建出高度逼真的虚拟空间，让客户在设计初期就能够体验到未来的居住环境。这不仅提高了客户的满意度，也提高了设计师与客户之间的沟通效率。

图4-1　数字技术应用

随着数字化材料的发展和表面处理技术的革新，室内设计的表现手法和材料应用也更加多样化。数字化材料如数字壁纸、数字涂料等，为设计师提供了更多的创作空间。表面处理技术的创新，使得材料的质感和视觉效果得以大幅提升。建模技术结合 3D 打印提高了室内设计从虚拟到现实的快速转化能力。设计师可以直接将数字模型转化为实体模型，便于客户理解和感受设计的细节。同时，3D 打印技术也为定制化的家具和装饰品生产提供了可能。

智能家居系统是现代室内设计的另一个重要趋势。通过集成各种智能设备和系统，可以实现对室内空间环境的全面控制和管理。这种智能化的家居环境不仅提高了居住的便捷性和舒适性，也使得室内设计更加具有科技感和未来感。通过智能系统，可以实现对光线、色温、亮度等参数的精准控制，创造出符合不同场景和需求的光环境。这不仅提高了居住的舒适度，也体现了设计的人性化和智能化。

互动媒体技术的发展为室内设计带来了新的艺术表现形式。通过触摸屏、传感器等设备，可以实现人与空间的互动，使得室内空间变得更加生动和有趣。这种互动性的设计不仅提高了空间的使用价值，也增强了空间的趣味性和吸引力。

数据分析是现代室内设计中不可或缺的一环。通过对空间使用数据、人流数据等进行分析，设计师可以更加精准地理解空间的使用需求和人的行为模式，从而优化设计方案。这种基于数据的设计优化方法，使得设计更加科学、合理和实用。

数字技术的不断发展为室内设计带来了前所未有的机遇和挑战。设计师需要不断学习和掌握新的技术手段及方法，以创造出更加优秀、创新和实用的室内设计方案。同时，也需要关注客户需求和市场变化，以提供更加人性化、智能化和个性化的设计服务。

4.2 数字化室内设计

数字化室内设计是一种全面的空间设计方式，涉及空间布局规划、色彩与材质选择、照明与光影设计、家具与陈设设计等多个方面。设计师利用数字化工具和软件如 CAD、SketchUp、3DS MAX、Revit，可对室内空间进行科学规划和优化设计。设计过程中利用数字技术，通过对客户的生活习惯、需求和心理感受的分析，为客户打造舒适、实用且美观的室内环境。数字化室内设计涵盖了广泛的技术领域，包括文字处理、图形绘制、色彩搭配、视频制作等。它是一种集软件操作、美学意识和工程技术于一体的综合化艺术性表现手段。数据驱动的设计方法可以帮助设计师基于数据分析和算法来指导设计决策，降低设计风险。智能数字化设计平台则可以实现室内空间的智能化管理，提供定制化服务。

此外，数字化室内设计还可以通过色彩多样和生动形象的展示来增强设计方案的视觉效果。数字化技术可以模拟不同材质的纹理和色彩，为室内空间增添质感和层次感。设计师还可以利用数字化技术来创建逼真的光影效果、环境氛围等，使设计方案更加生动、形象。

4.2.1 空间布局规划

空间布局规划是数字化室内设计的首要步骤，是户型优化空间布局设计。在这个阶段，设计师需要全面分析客户的使用需求、生活和工作习惯及动线，合理规划各个功能区域的位置和大小。可使用数字化工具，如CAD、SketchUp等创建精确的空间布局图，以确保空间的合理性和功能性。通过数字化工具，设计师可以精确地测量和分析室内空间的尺寸、结构和潜在的功能需求。在此基础上，制定出一个既符合使用功能，又能满足美学要求的空间布局方案。数字技术的应用使得这个过程更加高效、精准。

4.2.2 色彩与材质

室内色彩与材质的数字化设计涉及多个方面，包括色彩基础理论、材质分类与特性、色彩心理学、数字化设计软件、色彩搭配技巧、材质纹理处理、光照与色彩关系以及数字化设计实践等。通过全面了解和掌握这些知识和技能，设计师能创造出既美观又舒适的室内环境，满足人们的居住和工作需求。

色彩与材质是住宅空间中影响视觉效果和氛围的重要因素。设计师根据住宅空间环境的风格定位、居住者的喜好以及心理需求，选择合适的色彩搭配和材质应用。数字化设计软件（Adobe、Photoshop、SketchUp、3DS MAX、Revit）是室内色彩与材质设计的重要工具。这些软件能帮助设计师进行色彩搭配、材质纹理处理、光照模拟（图4-2）等工作。掌握这些软件能提高设计效率，实现设计创意。

图 4-2 光照模拟

色彩和材质是塑造室内氛围和风格的关键因素。数字化设计工具允许设计师在虚拟环境中尝试不同的色彩搭配和材质组合，从而快速找到适合的空间色彩方案。数字化技术还可以模拟不同材质的光泽、纹理和反射效果，为设计师及客户提供更为真实的视觉体验。

（1）色彩

色彩是室内设计中不可或缺的元素，对室内氛围和人的心理感受有着深远的影响。色彩基础理论涉及色相、明度、纯度三个基本属性，以及色彩对比、调和、配色等原则。了解色彩基础理论，有助于设计师合理运用色彩，创造出符合空间功能、氛围要求的室内环境。

色彩搭配是室内设计中的重要技巧。设计师掌握了色彩对比、互补、类似等搭配原则，以及色彩在空间中的运用技巧，就能够营造出和谐、美观的室内环境。

（2）材质

材质在室内设计中能够表达空间的质感和触感。材质的种类广泛，包括木材、金属、玻璃、石材、织物等。每种材质都有其独特的质感和特性，如粗糙、光滑、冷暖等。设计师熟悉并掌握各类材质的特性，便可在设计中合理运用，营造出舒适亲切的室内环境。

材质纹理处理是数字化设计中实现材质的真实感和艺术效果的手段（图4-3）。运用数字化设计软件，对材质进行纹理处理、贴图等操作，可实现材质的真实感和艺术效果。通过材质纹理处理，能增强空间质感，提升整体设计效果。

图 4-3　材质纹理处理

（3）色彩与材质的数字化设计实践

数字化设计实践是将理论知识转化为实际设计成果的过程。设计师需通过具体的设计项目，运用所学的色彩与材质理论知识，进行数字化设计实践。通过实践，不断提升设计水平，实现设计创新。色彩与材质的数字化设计实践在室内设计中具有至关重要的作用。数字化设计工具使得设计师能够以前所未有的精度和效率来探索和处理色彩与材质的组合。

色彩是室内设计中创造氛围和情绪的关键因素。数字化设计工具允许设计师在虚拟环境中尝试各种色彩组合，观察它们在不同光线和视角下的表现。设计师可以使用色彩选择器或调色板来精确调整颜色的色调、饱和度和亮度，以达到理想的视觉效果。同时，通过 VR 技术，客户也可以亲身体验这些色彩方案，提前预见最终的设计效果。

在材质处理方面，数字化设计工具提供了丰富的素材库，包括各种纹理、质感和光泽度的材料（图4-4）。设计师可以通过软件将这些材质应用到虚拟的室内空间上，观察它们在空间中的表现。此外，设计师还可以调整材质的纹理、光泽和颜色，创造出更加独特的视觉效果。例如，可以使用贴图或材质球来调整材质的纹理和质感，或者使用光线和阴影来强调材质的质感。

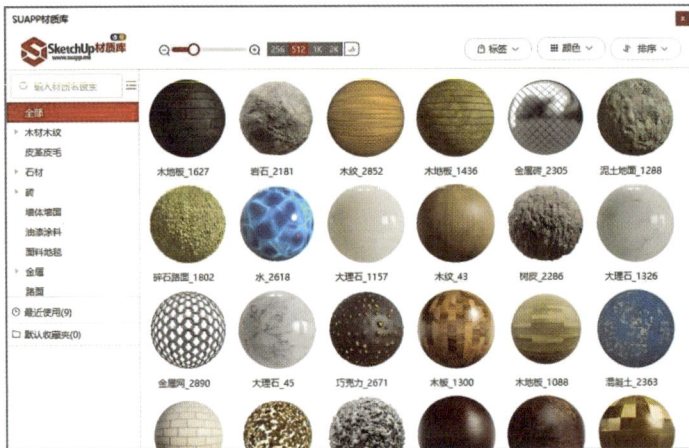

图 4-4　材质库

色彩与材质的数字化室内设计实践不仅仅是一个视觉的表达过程，也是一个综合的设计思考过程。设计师需要考虑色彩和材质如何与空间的功能、结构及环境氛围相协调，以及如何创造出符合人体工程学、心理学和美学原则的设计方案。同时，这种实践也促进了设计师与客户之间的沟通与合作，为最终的设计实施奠定了坚实的基础。

4.2.3 光照与影响模拟

照明设计在住宅空间中扮演着举足轻重的角色。良好的照明不仅能够提升空间的明亮度，还能够营造出温馨、舒适的氛围。设计师需要综合考虑自然光与人工光的利用，以及不同光影效果对空间的影响。数字化设计软件可以帮助设计师模拟光线效果（图4-5），优化照明布局。在进行室内照明系统数字化设计之前，首先要进行系统的需求分析。这包括了解空间的功能需求、使用者的视觉需求、节能环保要求以及未来可能的变化需求。通过需求分析，可以确定照明系统的基本参数，如照度、色温、均匀度等，为后续的设计提供指导。

图 4-5　模拟光线效果

光照是影响室内空间感观的重要因素。通过数字化模拟工具，设计师可以在设计初期就预测不同光照条件下的空间效果，从而合理规划灯具的位置、类型和光照强度。此外，还可以模拟自然光和人工光的混合效果，确保室内空间在任何时间都能保持最佳的光照状态。

（1）数字化模拟分析

利用数字化技术进行模拟分析是照明系统设计中的重要手段（图4-6）。专业的照明设计软件可以模拟不同照明方案下的光线分布、照度、色温等参数，从而评估照明效果。这有助于在设计阶段发现问题并进行优化，避免实际施工中出现不必要的问题。

（2）光环境模拟

通过光环境模拟软件，在设计阶段就可以模拟出照明系统的光照效果（图 4-7）。这有助于及时发现潜在的光照问题并进行调整，从而确保最终的照明效果符合设计要求。光环境模拟还可以帮助用户更好地理解照明设计的效果，从而进行更有效的沟通和调整。

图 4-6　照明模拟分析　　　　　　　　　图 4-7　光环境模拟

（3）系统集成与优化

在室内照明系统数字化设计中，系统集成是一个重要环节。需要将照明系统与建筑的其他系统（如楼宇自动化系统、智能家居系统等）进行集成，实现统一的管理和控制。通过系统集成，可以提高照明系统的智能化水平，实现更高效、便捷的管理和使用。

优化是持续改进和提升照明系统性能及效率的过程。需要不断监测照明系统的运行状态和数据，发现并解决问题，以提高系统的稳定性和可靠性。

（4）室内照明数字化设计实例

在一个现代化的办公空间中，采用 LED 灯具和智能控制系统来实现高效且舒适的照明环境（图 4-8）。通过对空间的分析和规划，确定了不同区域的照明需求，并选择了合适的灯具类型和布局。通过光环境模拟，优化了灯具的布局和光照参数，以确保光照的均匀性和舒适度。同时，还设计了智能控制系统，可以根据时间和场景的变化自动调整光照强度和色温，为员工提供舒适的办公环境。

在实际应用中，该照明系统取得了良好的效果。员工可以根据个

图 4-8　照明环境智能控制

人需求和工作场景调整光照参数,提高工作效率和舒适度。同时,智能控制系统还实现了能耗的降低和维护成本的减少,体现了节能环保的设计理念。

通过这个实例可以看到室内照明数字化设计流程的重要性和实际应用价值。通过数字技术的应用和创新的设计方法,可以创造出更加美好、智能和高效的照明环境,为用户提供更加优质的照明体验。室内照明系统数字化设计是一个综合性的过程,需要综合考虑多个方面的因素。

4.2.4 家具与陈设

家具与陈设是室内空间的重要组成部分,它们直接影响着空间的实用性和美观性(图4-9)。随着数字化技术的发展和普及,住宅家具设计正在经历前所未有的变革。传统的家具设计方法往往依赖手工绘图和物理原型,而数字化设计则提供了更高效、更精确、更灵活的设计手段。

图4-9 家具与陈设数字化设计

(1)家具与陈设的虚拟设计

家具与陈设是室内空间的重要组成部分。数字化设计工具允许设计师在虚拟环境中自由摆放和调整家具的位置和尺寸,从而快速找到最佳的布置方案。同时,设计师还可以通过数字化技术来预览不同风格、材质的家具和陈设对整体空间的影响。

(2)家具与陈设的选择

设计师需要根据空间布局和风格定位,选择合适的家具与陈设物品(图4-10),以达到空间的整体协调。数字化设计工具可以帮助设计师快速搭配和调整家具位置,提高设计效率。

(3)艺术与文化的融合

数字化家具与陈设设计不仅可以满足实用需求,还可以成为展示艺术与文化的重要载体。设计师可以借鉴传统元素、民族特色等文化符号,将其融入家具与陈设设计中,使其成为室内空间的亮点和艺术品。

图4-10 家具与陈设风格定位

(4)设计理念与数字技术

数字化家具与陈设设计以现代设计理念为基础,融合数字化技术,为家居空间创造独特而富有创意的解决方案。利用CAD、3D建模、VR等技术,设计师能够更精确地展现设计意图,提高设计效率和质量。3D建模是家具数字化设计的基石。通过3D建模软件,设计师可以创建出精确的家具模型,进而进行后续的设计分析和优化。3D建模不仅提高了设计效率,还使得

设计师能够更直观地展示设计理念，与客户进行更有效的沟通。

（5）材料与工艺模拟

在数字化家具与陈设设计
过程中，材料和工艺模拟是关键
环节。设计师可以通过软件模拟
不同材料的质感、纹理和加工方
式，以及预测产品的最终效果
（图 4-11），这有助于实现设计
的精确性和降低生产成本。在数
字化设计过程中，材料的选择和
优化至关重要。设计师需要根据

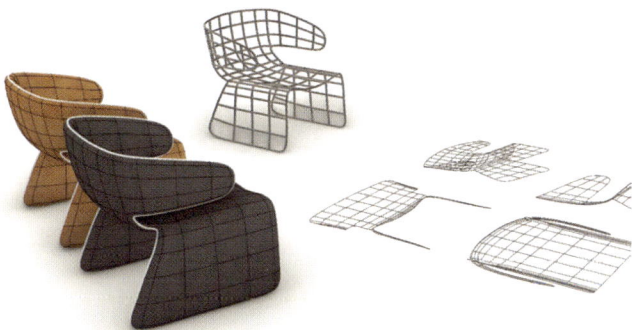

图 4-11 材料工艺模拟

家具的使用场景、功能需求和审美要求，选择合适的材料。同时，通过数字化工具对材料性能
进行模拟和优化，确保家具在满足功能需求的同时，达到理想的材料利用率和成本效益。数字
化设计还能够模拟家具的制造工艺，帮助设计师在设计阶段就预见潜在的生产问题。通过模拟
工艺过程，设计师可以优化工艺流程、减少废料、提高生产效率。同时，制造工艺模拟还有助
于降低生产成本，提高产品的市场竞争力。

数字化设计使得结构和强度分析变得更加便捷及精确。通过有限元分析（FEA）等数值
分析方法，设计师可以对家具的结构进行详细的受力分析，预测其在不同使用场景下的性能表
现。这有助于设计师在设计阶段就发现并解决潜在的结构问题，提高家具的可靠性和耐用性。

（6）交互与智能功能、人机交互设计、环境适应性评估

数字化家具设计强调与用户的交互和智能功能的融合。例如，通过集成传感器、触控屏等
技术，家具可以实现智能控制、自动调节等功能，提高用户的使用体验和便利性。住宅家具作
为人们日常生活的重要组成部分，其人机交互设计至关重要。数字化设计工具使得设计师能够
更深入地研究家具与人的交互方式，设计出更符合人体工程学、更舒适、更便捷的家具。这有
助于提高家具的使用体验，满足人们对美好生活的追求。

家具需要适应各种不同的使用环境，包括室内、室外、潮湿、干燥等。数字化设计工具可
以帮助设计师评估家具在不同环境下的适应性，预测其在使用过程中的性能表现。这有助于设
计师在设计阶段就提高家具的环境适应性，确保其在各种环境下都能保持良好的使用性能。

（7）可视化展示与体验

通过数字化设计工具，设计师可以创建出高度逼真的家具模型，实现可视化展示与体验。
这不仅有助于设计师向客户展示设计理念和产品特点，还有助于提高客户的参与度和满意度。同
时，可视化展示与体验还有助于设计师在设计阶段就发现和改进设计中的问题，提高设计质量。

（8）风格与流行趋势

设计风格和流行趋势是影响家具与陈设设计的重要因素（图 4-12）。设计师需要关注时尚
潮流和消费者需求的变化，及时调整设计风格和方向。同时，设计师还需要保持创新意识，不

断探索新的设计理念和表达方
式，以推动数字化家具与陈设设
计的持续发展。

数字化家具与陈设设计涉
及多个方面的考虑和实践。通过
融合设计理念与技术、材料与工
艺模拟、交互与智能功能、人体
工程学应用、可持续与环保设
计、空间规划与布局、色彩与光

图 4-12　家具与陈设设计风格与流行趋势

影应用、艺术与文化融合、功能性与舒适性以及风格与流行趋势等，可以创造出既美观又实用
的数字化家具作品，为室内空间带来全新的视觉体验和使用价值。

总之，通过数字化设计，设计师能够更快速、更准确地实现设计理念，提高家具与陈设的
性能和使用体验，满足人们对美好生活的追求。

4.2.5 交互与智能设计

随着智能家居的普及，交互与智能设计成为数字化室内设计的重要趋势。设计师可以利用
数字化技术将智能家居控制系统融入室内设计中，实现空间与人的智能互动。例如，通过智能
家居控制系统，用户可以方便地调节室内环境、控制电器设备等（图 4-13）。

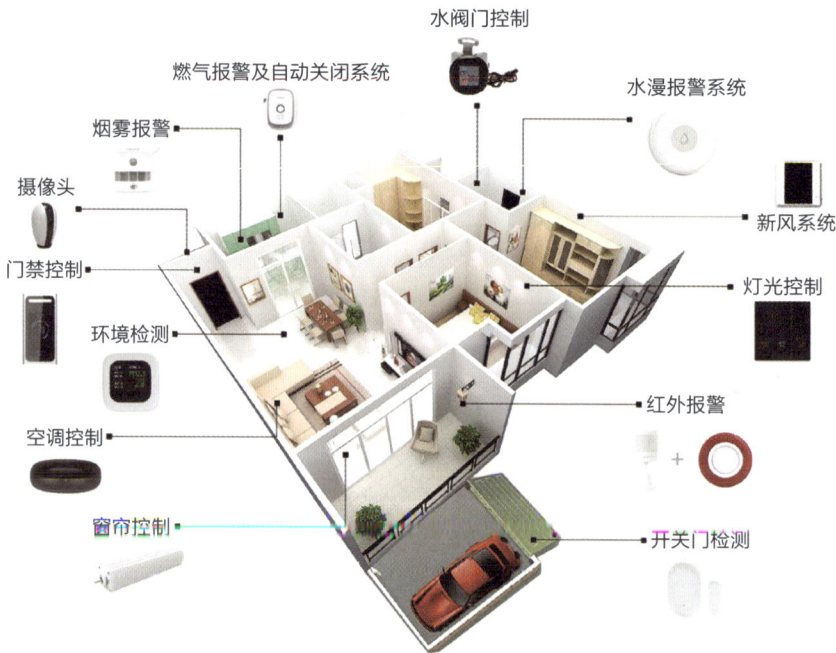

图 4-13　智能家居控制系统

在交互与智能数字化设计中，用户体验研究是至关重要的第一步。这涉及对用户的行为、需求、习惯以及他们与产品或服务的互动方式进行深入研究。通过问卷调查、用户访谈、用户观察等手段，设计师可以收集到大量关于用户的信息，从而为他们提供更符合用户需求的产品或服务。

数据分析是交互与智能数字化设计中不可或缺的一环。通过对用户行为数据的收集和分析，设计师可以了解用户在使用产品或服务过程中的痛点和不便之处，从而有针对性地进行优化。这种持续优化的过程可以帮助设计师不断提高产品或服务的质量和用户体验。

4.2.6 用户体验分析

用户体验是评价室内空间设计质量的重要标准。通过数字化技术，设计师可以在设计初期就模拟用户的空间使用过程，分析用户在空间中的行为模式和需求满足程度。这有助于设计师及时发现潜在的设计问题并进行优化，从而提升用户的空间使用体验。

室内空间设计不仅要满足功能需求，还要考虑人的心理感受。数字化技术可以帮助设计师分析不同空间布局、色彩搭配和光照条件对人的心理影响，从而创造出一个既舒适又符合心理需求的室内环境。

（1）智能化数字技术

数字化技术可以在室内环境心理设计中发挥重要作用。例如，智能照明系统可以根据用户的需求和情绪调整光线的亮度及颜色；智能音乐系统可以播放符合用户心情的音乐；环境监测系统可以实时监测和调整室内的温度、湿度等环境参数。

（2）用户反馈和优化

设计完成后，可收集用户的反馈，了解他们对室内环境的满意度和改进意见。根据这些反馈，设计师可以进行必要的调整和优化，以满足用户的需求。

室内环境心理数字化设计是一个综合性的过程，需要设计师具备多方面的知识和技能。通过深入了解用户的需求和偏好，利用数字化技术创造出符合用户心理需求的室内环境，可以提高人们的生活质量和工作效率。

4.2.7 设计与技术整合

设计与技术紧密整合是数字化室内设计的核心。通过数字化技术，设计师可以将设计理念迅速转化为实际的设计方案，并在施工过程中实现精确的控制和调整。同时，数字化技术还为设计师提供了更为丰富的设计手段和工具，推动室内设计不断创新和发展。

数字化室内设计是一项综合性的工作，涉及多个方面的考虑和整合。通过数字化技术的应用，设计师可以更加高效、精确地实现设计理念，创造出既美观又实用的室内空间。随着技术的不断进步和创新，未来数字化室内设计将迎来更加广阔的发展前景。

4.3 数字化设计软件在室内设计中的实践应用

在室内设计中，数字化设计软件可以用来创建、优化和展示室内设计方案，提高设计效率和质量，为客户提供更加真实、生动的空间体验。例如，使用 CAD 软件绘制室内平面图、立面图、剖面图等，精确表达设计方案的空间布局和细节处理。同时，CAD 软件还可以支持多种比例和视图模式，方便设计师进行细节调整和优化。

建模软件可以帮助设计师构建三维室内模型，模拟真实室内空间的效果。通过建模软件，设计师可以更加直观地呈现设计方案，进行材质、光影、环境氛围等方面的调整和优化。此外，建模软件还支持多种导出格式，方便设计师与其他人员沟通和协作。

VR 技术也可以应用于室内设计中。设计师可以利用 VR 技术来呈现室内设计方案，让客户在虚拟环境中体验设计方案的实际效果。通过 VR 技术，客户可以更加直观地了解设计方案的细节和特点，提高设计的满意度和接受度。

数字化设计软件不仅可以提高设计效率和质量，还可以增强设计方案的视觉效果，为客户提供更加真实、生动的空间体验。随着科技的不断进步，数字化设计软件将在室内设计领域发挥越来越重要的作用。

4.3.1 CAD 在室内设计中的应用

CAD 在室内设计中的应用非常广泛，其强大的绘图功能和易用的操作界面使其成为设计师不可或缺的工具。

（1）绘制平面图与布局设计

① 基础绘图。AutoCAD 提供了丰富的绘图工具，如直线、圆、矩形、多边形等，设计师可以使用这些工具绘制出室内空间的基础平面图。通过设置图层，设计师可以清晰地组织和管理不同的设计元素，如墙体、门窗、家具等。

② 精确测量与标注。AutoCAD 支持精确测量和标注功能，设计师可以轻松地获取室内空间的尺寸信息，并进行准确的标注。使用对象捕捉和尺寸约束功能，设计师可以确保绘制的图形尺寸精确无误。

③ 布局规划。设计师可以在 AutoCAD 中根据客户需求和空间特点进行布局规划，包括家具摆放、空间分隔、动线设计等。通过调整图层和属性，可以直观地展示不同设计方案的效果。

（2）立面图与大样图绘制

① 立面图绘制。在完成平面图的基础上，设计师可以进一步绘制室内空间的立面图，展示墙面、门窗、装饰等元素的立体效果。AutoCAD 提供了丰富的编辑工具，如剪切、复制、移动、旋转等，方便设计师对立面图进行修改和优化。

② 大样图绘制。对于室内空间中的关键部位或细节部分，设计师可以绘制大样图进行详

细展示。大样图可以帮助施工人员更好地理解设计意图，确保施工质量和效果。

（3）材料选择与标注

① 材料库管理。AutoCAD 支持材料库管理功能，设计师可以将常用的材料添加到材料库中，方便后续使用。通过设置材料的属性（如颜色、纹理、规格等），可以直观地展示不同材料在室内空间中的效果。

② 材料标注。在图纸中，设计师可以对所使用的材料进行标注，包括材料名称、规格、数量等信息。材料标注有助于施工人员准确采购和施工，确保室内空间的装修质量和效果。

（4）施工图与细节优化

① 施工图绘制。在完成平面图、立面图和大样图的基础上，设计师可以进一步绘制施工图，包括水电布置图、吊顶图、地面铺贴图等。施工图是施工人员进行施工的重要依据，必须确保图纸的准确性和完整性。

② 细节优化。在绘制施工图的过程中，设计师需要关注细节部分，如收口处理、缝隙处理、五金配件安装等。通过优化细节部分，可以提升室内空间的装修质量和美观度。

（5）高效沟通与协作

① 图纸导出与分享。AutoCAD 支持将图纸导出为多种格式（如 DWG、DXF、PDF 等），方便设计师与客户、施工人员等进行沟通和协作。通过分享图纸，设计师可以及时获取客户和施工人员的反馈意见，并进行相应的调整和优化。

② 协同设计。AutoCAD 支持协同设计功能，多个设计师可以在同一个项目中进行合作，共同绘制和修改图纸。协同设计可以提高设计效率和质量，同时减少沟通成本和时间成本。

AutoCAD 在室内设计中具有广泛的应用价值。通过熟练掌握 AutoCAD 的绘图工具、编辑功能、材料库管理等功能，设计师可以高效地绘制出精确、美观的室内设计方案，并与客户、施工人员等进行有效的沟通和协作。

4.3.2 SketchUp 在室内设计中的应用

SketchUp（草图大师）作为一款广受欢迎的 3D 建模软件，在室内设计领域具有广泛的应用。设计师可以利用 SketchUp 的各种工具和功能，如组件库、材质库、阴影和渲染工具等，来创建和编辑室内空间的三维模型。

（1）初步设计与概念展示

① 快速建模。SketchUp 以其简洁易用的界面和快速的建模能力著称。设计师可以迅速将设计想法转化为三维模型，这对于初期的概念展示和方案调整非常有帮助。

② 空间布局。通过 SketchUp，设计师可以轻松调整空间布局，尝试不同的家具摆放和房间划分，以找到最佳的设计方案。

（2）细节设计与材质应用

① 细节推敲。在初步设计确定后，设计师可以利用SketchUp进一步细化设计，包括家具的细节、墙面装饰、地面材料等。

② 材质选择。SketchUp支持丰富的材质库，设计师可以在软件中选择和测试不同的材质，以查看它们在实际设计中的效果。

（3）渲染与可视化

① 实时渲染。SketchUp可以与多种渲染插件（如Enscape、V-Ray等）配合使用，实现实时渲染和高质量渲染，使设计效果更加逼真。

② 可视化展示。SketchUp渲染后的模型可以用于制作展示视频、动画或高质量的图像，帮助客户更好地理解设计概念。

（4）施工图纸与指导

① 施工图纸。SketchUp可以与LayOut（SketchUp的排版工具）结合使用，生成精确的施工图纸，包括平面图、剖面图、细节图等。

② 施工指导。设计师可以利用SketchUp生成的三维模型进行施工指导，确保施工团队能够准确理解设计意图并实现设计要求。

（5）客户沟通与反馈

① 三维展示。SketchUp的三维模型可以直观地展示给客户，帮助他们更好地理解设计概念和空间布局。

② 修改与反馈。客户可以在三维模型上提出修改意见，设计师可以及时进行调整，从而提高设计效率和客户满意度。

SketchUp室内参数化设计是一种高效、灵活且实用的室内设计方法。通过利用SketchUp的参数化建模功能，设计师可以更加快速、准确地创建和调整室内空间的三维模型，从而为用户提供更加舒适、美观且符合设计理念的室内环境。

4.3.3 3DS MAX在室内设计中的应用

3DS MAX在室内参数化设计中的应用主要体现在其强大的建模、材质贴图、灯光与照明设置、相机视角和渲染设置等功能上。

设计师可以利用3DS MAX技术制作逼真的室内效果图，帮助客户更直观地了解设计概念。在设计过程中，设计师可以通过参数化的方式，快速创建和调整室内空间的三维模型。这包括对基本模型的节点、线和面的编辑修改，使用多边形建模等方法，快捷、准确地创建出复杂的室内空间模型。

此外，为了让效果图更贴近实际，设计师需要为模型添加材质贴图。这可以通过导入现有的材质库或自行制作材质来实现，例如墙面的涂料、木制家具的纹理等。在调整材质的过程中，设计师可以注意调整材质的光泽度、颜色和透明度等参数，以达到最佳效果（图4-14）。

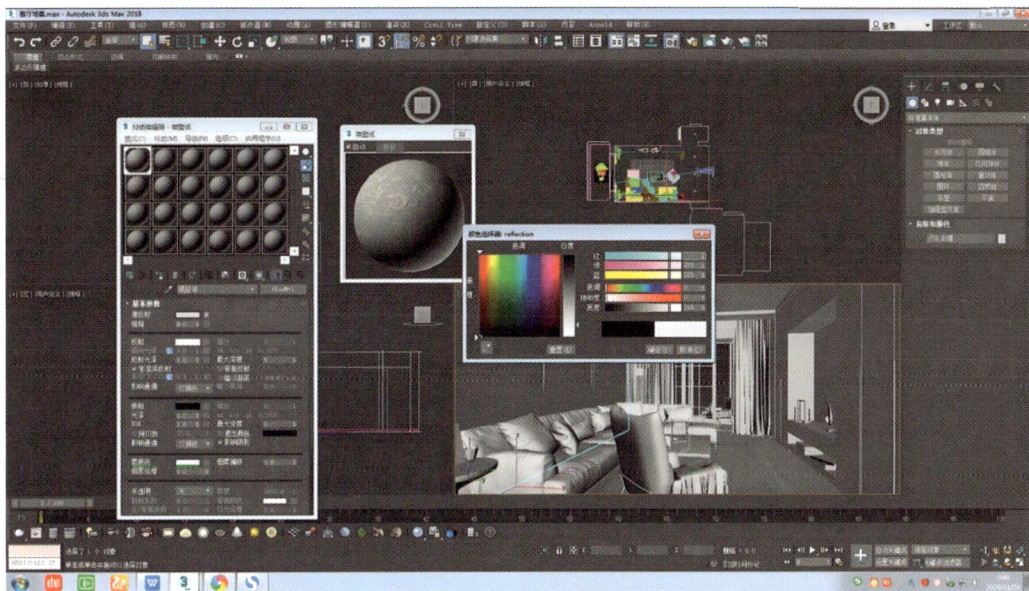

图 4-14　三维模型创建

灯光是效果图中营造氛围和渲染真实感的重要因素之一。设计师可以在 3DS MAX 中设置不同类型的灯光，如点光源、方向光源和聚光灯等，通过调整灯光的强度和角度，达到所需的照明效果。

相机视角和渲染设置也是室内参数化设计中不可忽视的部分。通过设置相机视角，设计师可以选择最佳的观察角度，展示设计效果。同时，调整相机位置和镜头焦距，设置景深、曝光度和阴影等参数，可以进一步提升渲染效果和逼真度。

渲染是将设计成果呈现为图像的过程。3DS MAX 提供了多种渲染器，如 Mental Ray 和 V-Ray 等，可以满足不同设计师的渲染需求。通过调整渲染参数和设置，设计师可以得到高质量的室内效果图，从而更好地呈现设计理念和实现设计目标。

3DS MAX 在室内参数化设计中的应用非常广泛，其强大的功能和灵活性为设计师提供了更多的创作可能性和实现手段。

4.3.4 Revit 在室内设计中的应用

Revit 作为一款强大的数字化设计软件，在室内设计领域具有广泛的应用。其独特的功能和优势，使得设计师能够更加高效、准确地完成室内设计任务。

（1）丰富的建模工具

Revit 提供了丰富的建模工具，包括房间、墙体、楼梯等基本结构的创建工具。设计师可以利用这些工具快速建立室内空间的基本框架，为后续的设计工作奠定基础。同时，Revit 还支持导入现有的 CAD 图纸，并自动创建 3D 模型，这为设计师在已有设计基础上进行改进和优化提供了极大的便利。

（2）三维模型可视化设计

Revit 以其强大的 3D 建模功能，为设计师提供了直观的设计环境。设计师可以直接在三维空间中创建和修改设计，避免了二维设计中可能出现的视觉误差和理解歧义。这种三维可视化设计（图 4-15）的方式不仅有助于设计师更好地理解和表达设计

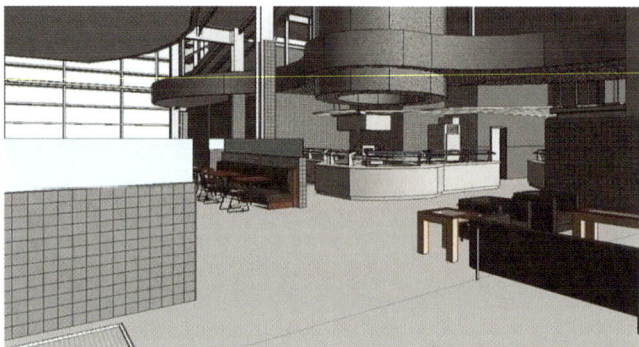

图 4-15　三维可视化设计

理念，也有助于客户更直观地了解设计效果。通过 Revit，设计师可以创建高度逼真的室内三维模型，各个视图中的设计信息得到充分展示。此外，Revit 还可以生成渲染图和漫游动画，使得设计师和客户能够更直观地了解设计效果。利用这个功能，设计师可以提前感受空间分布是否合理，从而提高设计的准确性和满意度。

（3）参数化设计

Revit 支持参数化设计，设计师可以通过设置参数来控制设计元素的外形和尺寸。这种设计方式不仅提高了设计的灵活性，也使得设计调整变得更加简单和高效。例如，设计师可以通过调整参数来快速改变墙体的厚度、高度，或者家具的尺寸、材质等。

Revit 具备参数化建模功能，这使得设计师在创建室内设计模型时更加灵活和高效。例如，设计师可以通过参数化建模功能，快速创建自定义的窗户、门等构件，大大提高了工作效率。此外，参数化建模还允许设计师通过调整参数来修改构件的外形和尺寸，从而方便后续的设计和调整。

（4）智能化设计工具

Revit 提供了丰富的智能化设计工具，如自动布置家具、室内布线和照明等。这些工具可以大大减少人工操作，提高设计效率。同时，Revit 还可以根据设计规则和标准自动进行设计优化，帮助设计师更好地实现设计目标。Revit 具备智能化的设计功能，为设计师提供了自动布置家具、室内布线和照明等工具。这些工具大大减少了人工操作，提高了设计效率。此外，Revit 还支持建筑构件的参数化设计，通过设置参数来控制构件的外形和尺寸，使得设计师能够更加精确地实现设计目标。

（5）信息共享和协同设计

Revit 支持多人同时进行设计和编辑，使得设计团队可以更好地协同工作。设计师之间可以通过 Revit 的共享功能来交换设计信息，协同解决设计中的问题。此外，Revit 还支持与其他设计软件的数据交换，方便设计团队在不同软件之间进行设计协作。

Revit 强大的渲染和仿真功能使得设计师能够生成逼真的效果图及动画。通过调整材质、光源和相机等参数，设计师可以模拟出不同光照条件下的室内效果，从而为客户提供更加直观的设计展示。此外，Revit 还支持导出高质量的图像和视频文件，方便设计师进行成果展示和交流。

Revit 在数字化室内设计中的应用为设计师提供了强大的支持和便利，其丰富的建模工具、强大的渲染和仿真功能以及智能化的设计工具都使得设计师能够更轻松地实现设计目标。同时，Revit 的 BIM 功能也为设计团队提供了更好的信息共享和协同设计环境，提高了设计的效率和质量。

4.3.5 Photoshop 在室内设计中的应用

Photoshop 在室内设计中的应用主要体现在效果图的后期润色处理上。设计师可以使用 Photoshop 对渲染后的图像进行细调，包括明暗、色调、光线等，以达到更佳的视觉效果。此外，在室内设计中，往往需要将不同的材质、家具、配饰等元素融合在一起，以呈现出整体的设计效果。Photoshop 提供了丰富的素材库和工具，设计师可以通过使用这些素材和工具，快速地将不同的元素融合在一起，形成完整的设计方案。

Photoshop 在室内设计中扮演着重要的角色，它可以帮助设计师更好地呈现设计效果，提高设计效率和质量。

（1）图像处理和润色

设计师可以使用 Photoshop 对室内效果图进行后期处理和润色，调整图像的明暗、色调、光线等（图4-16），使其更加真实和吸引人。同时，Photoshop 还可以用于修复原始图像中的瑕疵和缺陷，设置分辨率，提高图像清晰度及图像质量，使其更加真实、生动。

图 4-16 室内效果图后期处理

（2）材质和纹理处理

设计师可以使用 Photoshop 创建或编辑材质和纹理（图4-17），然后将其应用到室内设计的模型中，这有助于增强设计的真实感和细节表现。在室内设计中，常常需要将一些材质替换为其他材质，以达到更好的设计效果。Photoshop 提供了丰富的材质库和工具，设计师可以轻松地替换掉原有的材质，使其更加符合设计需求。

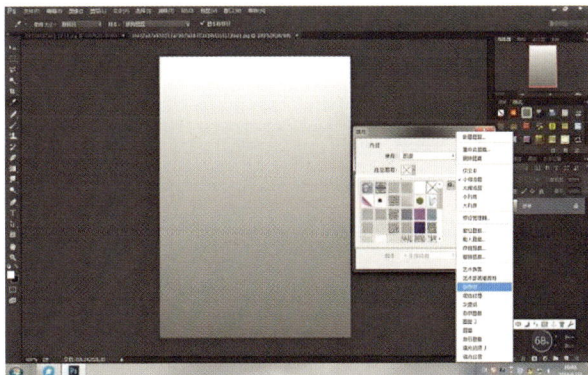

图 4-17 PS 创建材质

（3）平面元素设计

在室内设计中，Photoshop 可以用于平面元素的设计，这些平面元素包括墙面装饰、地面图案、天花板设计、家具布局图、照明计划等。设计师可以使用 Photoshop 来创建彩色平面图、立面图等室内设计所需的图纸（图 4-18）。同时，Photoshop 还支持添加标注、文字说明等元素，使图纸更加清晰易懂。

① 墙面和地面装饰设计。设计师可以使用 Photoshop 来设计墙面和地面装饰图案。他们可以通过绘制或使用现有的图像来创建独特的纹理和图案，然后将这些图案应用到空间的相应表面上。

② 天花板设计。Photoshop 也可以用于设计天花板。设计师可以创建各种形状和图案的天花板，以增加室内空间的视觉效果和层次感。

Photoshop 在室内设计的平面元素设计中发挥着重要的作用，它可以帮助设计师更好地实现设计理念和创意，为室内空间增添独特的视觉效果和个性

图 4-18 彩色平面、立面创建图

化风格。在使用 Photoshop 进行室内设计的平面元素设计时，设计师需要掌握一些基本的图像处理技能，如选择工具、绘图工具、调色板、滤镜等。此外，他们还需要了解室内设计的原则和技巧，以确保设计作品既美观又实用。

（4）色彩搭配和方案对比

Photoshop 提供了丰富的色彩调整工具，设计师可以通过调整色彩来探索不同的设计方案，或者对比不同色彩搭配的效果，这有助于设计师快速找到最佳的色彩方案。

（5）合成与呈现

在室内设计中，有时需要将多个元素（如家具、装饰物等）组合在一起，以展示整体效果。Photoshop 的图层和合成功能使这个过程变得简单、高效。设计师可以分别调整每个元素的位置和属性，然后将它们合并成一个完整的图像。Photoshop 提供了强大的场景合成功能，设计师可以将不同的场景和元素融合在一起，形成完整的设计方案。

（6）与其他软件协同工作

Photoshop 经常与其他设计软件（如 SketchUp、Revit 等）协同工作。设计师可以在其他软件中创建三维模型，然后将其导出为图像文件，再用 Photoshop 进行处理和润色。这种协同工作方式可以充分发挥各软件的优势，提高设计效率和质量。

Photoshop 在数字化室内设计中的应用非常广泛，其强大的图像处理和图形设计功能为设计师提供了更多的创作可能性和实现手段。通过利用 Photoshop 的这些功能，设计师可以更加高效、准确地完成数字化室内设计工作。

4.4 住宅空间数字化设计

4.4.1 人体工程学应用

人体工程学是研究如何使技术、设备、环境和工作任务适应人的需求和能力的科学，也称为人类工程学或工效学。通过考虑人体的生理、心理和行为特点，有助于提高产品、系统和工作环境的使用效率、安全性和舒适性（图 4-19）。

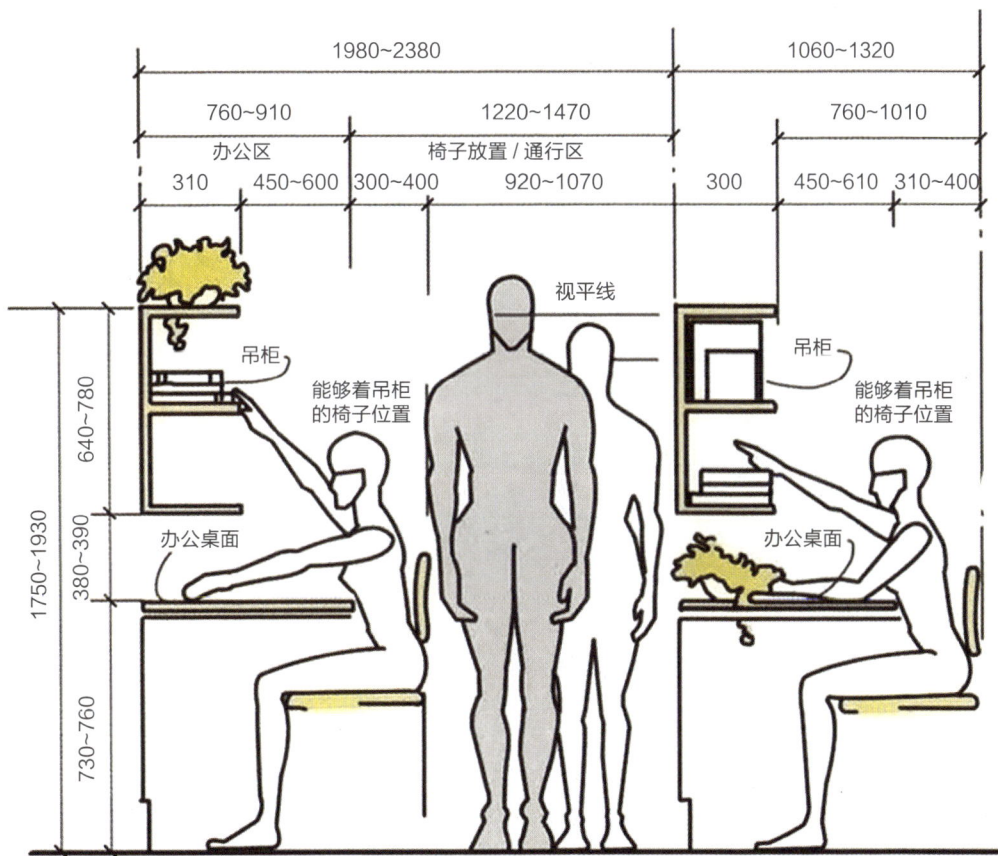

图 4-19 人体尺寸

在住宅室内设计过程中，人体工程学关注如何创造舒适、实用且美观的居住环境。在进行设计时需要考虑人体的尺寸、动作习惯等因素，确保家具的尺寸、形状和高度等符合人体工程学要求，以提高家具的舒适性和实用性。例如，沙发的高度和宽度应适应人体的坐姿，床垫的硬度和支撑性应满足睡眠需求。在住宅设计中，住房环境的舒适性和功能性应满足人的生理与心理需求。随着数字化技术的发展，数字化室内设计中人体工程学广泛应用于人体尺寸与布局、人体动作与流线、视觉感知与照明、舒适度与热环境、声学与噪声控制、家具与设备适配、无障碍设计与包容性，以及安全与紧急应对。住宅空间设计正在实现更加精确和高效的人体工程学应用。

随着科技的进步和社会的发展，人体工程学将在更多领域发挥重要作用，为人类创造更加美好的生活环境。

（1）人体尺寸与布局姿态模拟

人体姿态模拟（图 4-20）是利用计算机技术和人体工程学原理，对人体在不同姿态下的形态进行模拟和分析。这有助于设计师了解人体在实际使用中的姿态变化，从而设计出更符合人体工程学原理的产品。

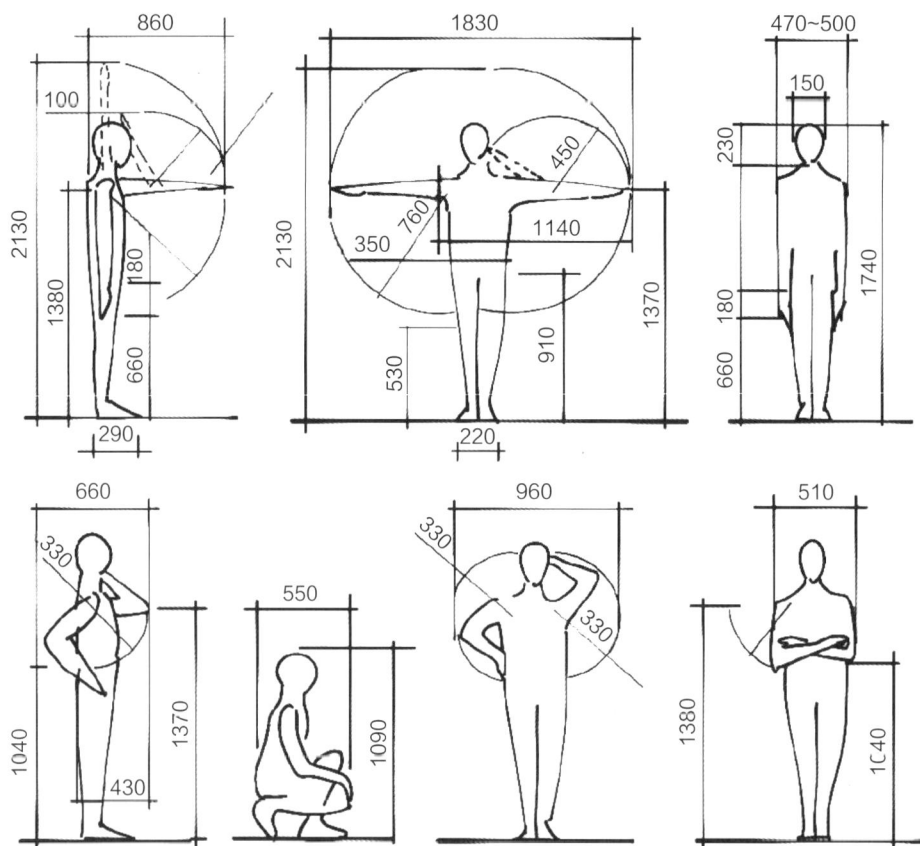

图 4-20　人体姿态模拟

在数字化人体工程学中，人体尺寸数据分析是基础的一步。通过使用三维扫描仪、激光测距仪等高精度设备，可以精确地测量人体的各个尺寸参数，如身高、肩宽、胸围等。这些数据可以为后续的设计提供重要依据，确保设计与人体尺寸相匹配，提高使用舒适度和便利性。

（2）人体动作与室内流线

① 人体运动轨迹分析。人体运动轨迹分析是对人体在特定任务中的运动路径进行研究。通过分析人体在运动过程中的轨迹，可以为设计提供更准确的运动参数，确保在使用过程中符合人体自然运动的规律。

② 人体动作和流线设计。人体动作（图 4-21）和流线设计关注的是居民在日常生活中如何在家中移动。数字化工具可以模拟和分析人在住宅内的行动路线，以优化空间布局，减少不必要的移动距离和障碍物，这有助于提高居住者的生活效率和舒适度。

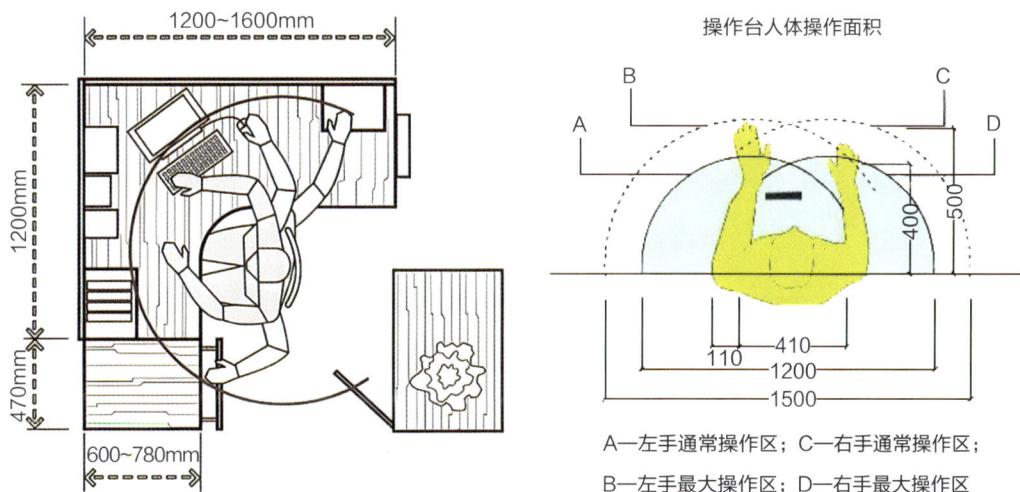

图 4-21　人体动作轨迹

（3）家具与设备适配

家具与设备的选择和布局对于住宅的舒适性及功能性至关重要。数字化设计工具可以帮助设计师分析家具和设备的尺寸、形状和使用方式，以确保它们与住宅的空间布局和人体工程学要求相匹配，这有助于提高住宅的使用效率和便利性。

（4）无障碍设计与包容性

无障碍设计旨在确保所有人都能方便地使用住宅，无论他们的年龄、身体状况或能力如何。数字化设计工具可以帮助设计师识别和消除潜在的障碍，如不平坦的地面、狭窄的门洞等（图 4-22）。此外，设计师还可以考虑使用辅助设备和技术，如无障碍通道、升降平台等，以提高住宅的包容性。

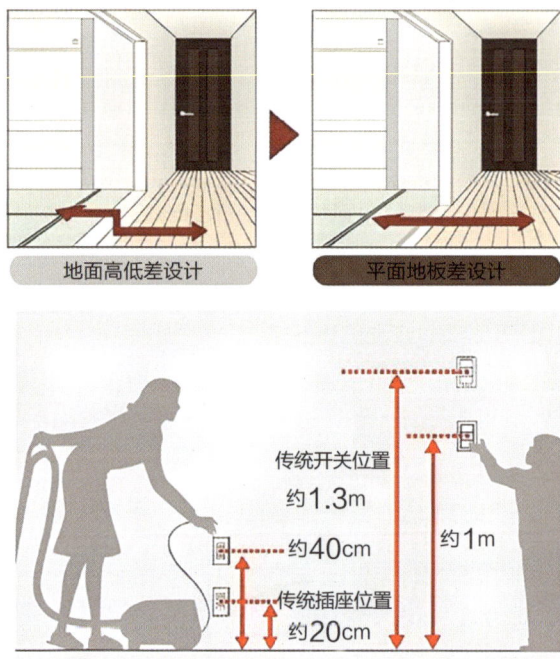

1. 按需要安装扶手，比如卫生间、浴室、门厅处等

2. 室内不出现地面高低差，入户门入口，浴室入口

3. 室内门的开启方向，比如厕所的门要外开，或是安装推拉门

4. 卫生间门的有效开口在 750mm 以上

5. 采用防滑地面材料，特别是门厅、浴室、厨房

6. 插座和开关的适当高度

图 4-22　无障碍设计

（5）安全与紧急应对

住宅设计必须考虑安全和紧急应对措施。数字化工具可以帮助设计师分析潜在的安全隐患，并制定相应的解决方案，这包括火灾报警系统、紧急疏散路线、安全出口等的设计和优化。通过数字化室内设计，可以确保住宅在紧急情况下能够迅速、有效地应对。

（6）人体工程学数据库建设

为了支持数字化人体工程学的应用，建立一个人体工程学数据库是非常必要的。这个数据库可以存储大量的人体尺寸、姿态、舒适度等数据，为设计师提供丰富的设计参考。

（7）数字化人体模型构建

数字化人体模型构建是指利用计算机技术，构建出与真实人体形态相似、可以模拟实际运动的三维模型。这种模型可以用于产品的初步设计、测试和优化，大大提高了设计效率。

住宅数字化设计人体工程学应用是一个综合性的过程，涉及多方面的考虑和优化。通过数字化工具的应用，设计师可以更加精确、高效地实现人体工程学要求，提高住宅的舒适性和功能性。这有助于创造更加宜居、健康和可持续的居住环境，满足人们对美好生活的追求。

4.4.2 住宅户型数字化转型优化

户型优化设计致力于打造既美观又实用的居住环境，注重空间利用、功能区域规划以及动线设计的流畅性（图 4-23）。设计过程中考虑到居住者的日常生活需求，期望营造吉祥和谐的居住氛围。设计涉及空间布局、光线利用、绿色植物的引入等方面，旨在为住户营造明亮、温馨且宁静的住宅环境。整体目标是提高住宅内部空间的使用效率和居住舒适度，让每位住户享受高质量的生活体验。

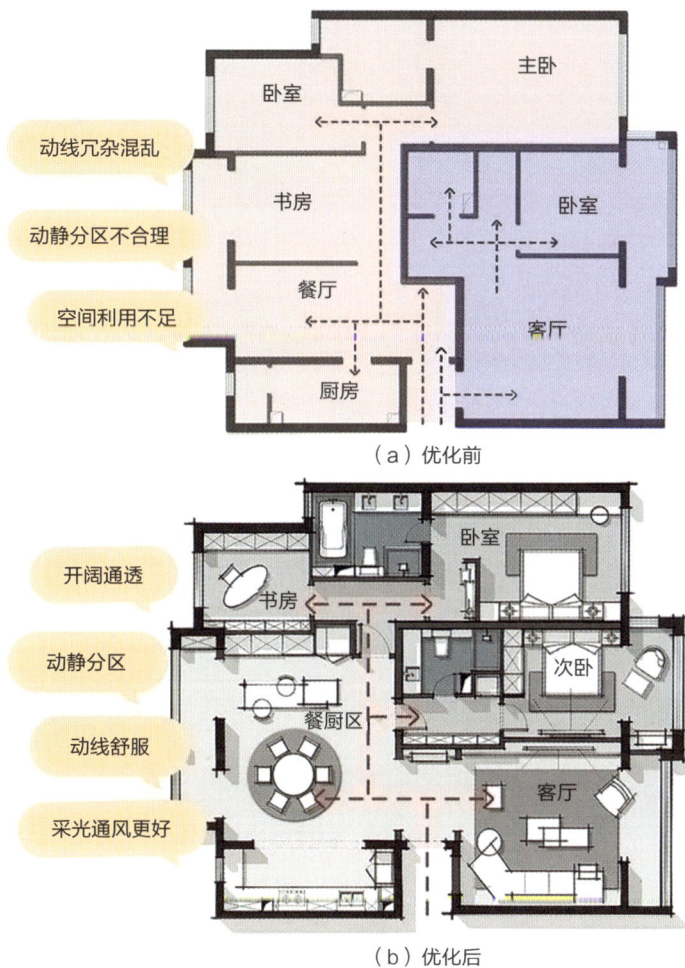

图 4-23 户型优化设计

数字化转型优化是指利用先进的技术手段，如 CAD、BIM 等，对住宅户型进行优化设计的过程。这些数字化工具可以帮助设计师更精确、高效地进行户型规划和设计，实现更优化的空间布局、功能区域规划和动线设计。

在数字化转型优化中，设计师可以利用 3D 建模技术，创建出逼真的住宅模型，从而更直观地观察、评估和调整设计方案。同时，数字化工具还可以进行空间分析和模拟，帮助设计师预测和优化住宅内部空间的使用效率和居住舒适度。

此外，数字化转型优化还可以与智能家居系统、可持续建筑设计等其他技术相结合，实现更多元化、智能化的住宅设计。通过数字化转型优化，设计师可以打造出更美观、实用、舒适的住宅环境，让住户享受更高质量的生活。

（1）户型布局分析与优化

① 分析方法。利用 CAD、GIS 等软件进行户型图绘制，对现有住宅空间户型进行深入分析，了解空间分布、功能区域划分及潜在改进点。同时，结合空间句法理论，评估户型布局的合理性和流畅性。

② 功能布局优化。根据住户的生活需求和习惯，优化功能布局以提高生活效率和舒适度。确保各功能区域（如起居区、餐厅、厨房、卧室、卫生间等）划分合理，同时满足私密性和便捷性的需求。设计足够的储物空间，包括衣柜、橱柜、壁柜等，以满足收纳需求。优化流线设计（图 4-24），减少日常生活行动路线，例如从厨房到餐厅、从卧室到卫生间的路径。

图 4-24　优化流线设计

（2）采光通风改善

① 模拟方法。通过数字模拟技术，预测和优化住宅的采光及通风效果。确保住宅内部有充足的自然光线和通风，以创造健康、舒适的居住环境。使用建筑性能模拟软件（如 Ecotect、IES-VE 等）进行采光和通风模拟（图 4-25），根据模拟结果调整窗户位置和大小，优化采光和通风效果。

② 优化改善方法。最大化利用自然光，通过合理设计窗户大小和位置，确保主要生活区能够获得足够的日照。设计良好的通风系统，包括窗户、阳台、排气扇等，以保持室内空气流通。避免"暗角"或通风不佳的区域，如果有必要，可以考虑设置天窗或其他辅助照明与通风设备。

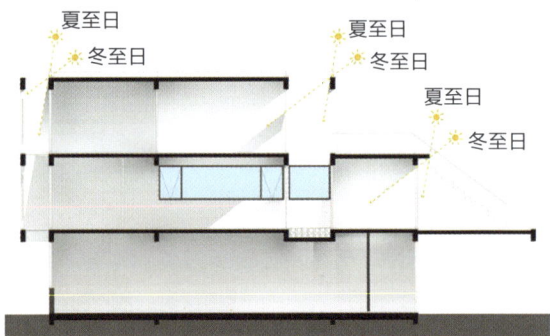

图 4-25　采光通风模拟

（3）空间利用和优化

① 空间利用方法。通过数字化设计，最大限度地利用住宅空间，减少浪费。利用 3D 建模工具进行空间体积分析，找出可优化利用的空间。设计多功能家具和储物空间，提高空间使用效率。在有限的空间内最大限度地提高生活质量，减少浪费。

② 空间优化方法。设计多功能空间，如客厅兼书房、餐厅兼工作区等。利用高度空间，如设计壁挂电视、吊柜、阁楼等。采用灵活的家具布局，便于根据需求调整空间的使用。根据空间大小和形状选择合适的家具尺寸及形状。考虑家具的实用性和美观性，以满足生活需求和

审美要求。设计灵活的家具布局，便于根据需求进行调整和重新配置。

（4）居住舒适度提升

① 原则与目标。通过设计提高住宅的居住舒适度，以满足人们身心健康的需求。

② 优化提升方法。设计合理的噪声控制方案，如采用隔声材料、合理布置家具以减少噪声干扰。优化室内照明设计，确保光线柔和、均匀，同时考虑不同场景的照明需求。考虑室内空气质量和温度控制，如设置新风系统、智能温控系统等。进行人性化的细节处理设计，如设置无障碍设施，考虑老年人和儿童的特殊需求等。

通过以上方面的综合考虑和优化设计，可以实现住宅空间户型的全面优化，提高居住质量和生活品质。

4.4.3 起居室空间数字化设计

起居室是家庭生活中的重要空间，通常用作家庭成员聚会、娱乐和休息的场所。起居室设计需要综合考虑功能性、舒适性和美观性，以营造一个和谐、温馨的家居环境。随着数字技术的快速发展，其在起居室设计中的应用也越来越广泛（图4-26）。

图 4-26　起居室数字化设计

（1）用户需求调研功能分析

在进行起居室数字化设计之前，首要的任务是对用户需求进行深入调研。这包括了解用户的居住习惯、家庭成员构成、日常活动模式、兴趣爱好以及对起居室的具体期望等。通过了解、沟通和交流掌握用户信息，充分考虑用户在使用起居室时的感受和需求，包括视觉体验、操作便利性、舒适性等方面。通过用户测试和反馈收集，不断优化设计方案，为后续的设计工作提供坚实的基础（图4-27）。

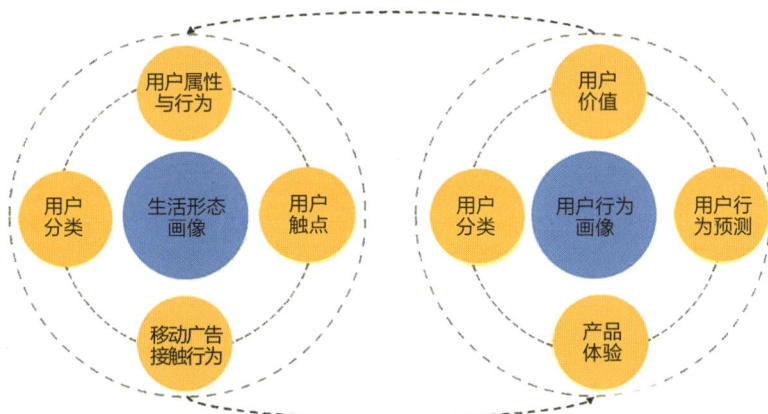

图 4-27　功能分析

起居室作为家庭活动的核心区域，具有多种功能需求。数字化设计可以帮助设计师更准确地分析这些需求，包括休息、娱乐、会客、用餐等。通过用户行为分析和场景模拟，确定各种功能所需的空间大小、家具配置以及设备需求等。

（2）风格与主题定位

在数字化设计过程中，还需要对起居室的风格和主题进行定位。这需要根据用户的喜好、整体家居风格以及设计趋势等因素进行综合考虑。通过数字化工具和资源库的选择，实现对风格和主题的精准定位和呈现。

（3）空间布局规划

基于用户需求调研的结果，利用数字化设计工具，如 CAD、SketchUp 等，模拟和规划起居室的各个功能区域，如休息区、娱乐区、工作区等。确保空间布局合理，符合人体工程学和日常活动流线，同时也要考虑到未来可能的变化需求。模拟各种空间布局方案，通过 VR 技术让用户进行沉浸式体验，从而确定最优的空间布局。这不仅可以提高空间的利用率，还可以让起居室更加美观和舒适（图 4-28）。

图 4-28　起居室空间布局

（4）家具选择与摆放

进行起居室的空间布局规划时，可以同时选择适合起居室风格和功能的家具。在数字化设计中，预先导入家具的 3D 模型，进行摆放和预览。这样可以确保家具的尺寸、风格和颜色与整体空间相协调，同时优化了家具之间的空间关系，提高了空间的利用率。

（5）色彩搭配方案

在数字化设计中，可以根据家具、照明、材质等因素，选择适合的色彩搭配方案（图 4-29）。通过调整墙面、地面、天花板的颜色，以及家具和装饰品的颜色，创造山和谐的色彩环境，营造出不同的空间氛围。

图 4-29　室内色彩搭配方案

（6）材质纹理选择

材质纹理（图 4-30）的选择对于提升起居室的整体质感至关重要。在

图 4-30　材质纹理

数字化设计中，可以预览不同材质纹理在空间中的应用效果，包括墙面材料、地面材料、家具材料等。通过对比和选择，找到适合的材质纹理，使起居室的视觉效果更加丰富和精致。

（7）装饰与家具定制

数字化设计工具在装饰与家具定制方面为用户提供了更多的选择和便利。通过设计软件，用户可以挑选颜色、材质和风格，设计出符合个人喜好的起居室。同时，数字化设计工具还可以实现家具的个性化定制，满足用户的特殊需求。

（8）智能化家居设计

随着智能家居技术的发展，起居室设计也越来越注重智能化。设计师可以通过数字化设计工具将各种智能设备（如智能照明、智能窗帘、智能音箱等）融入起居室设计中，实现智能化控制与管理（图 4-31）。这不仅可以提高居住的舒适度，还能节省能源、降低能耗。用户通过中央控制器、手机应用或语音命令等方式，实现对起居室内各种设备（包括空调、窗帘、音响、电视等）的集中控制，从而轻松调整室内环境，享受智能化的生活体验。

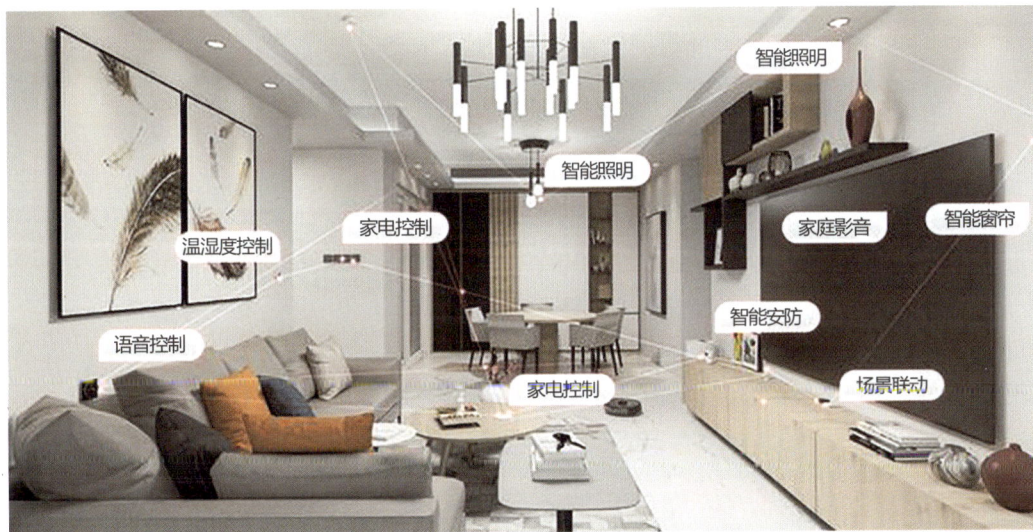

图 4-31　起居室智能化控制与管理示意

（9）照明系统设计

起居室是家庭生活的中心区域，照明系统需满足阅读、放松、娱乐和社交等多元化需求。设计时，应深入解析用户的照明需求，如照度、色温、均匀度和灵活性等，并注重节能环保和智能化控制等现代家居趋势。通过布局规划确保照明效果，包括合理规划灯具的位置、数量和类型。借助数字化设计工具，根据起居室的空间布局和家具摆放，合理规划照明系统的布局与类型。调整光源与色温，模拟不同的照明效果，创造舒适、温馨的氛围，打造既实用又美观的起居室照明系统。

① 光源与灯具的选择。光源与灯具的选择直接影响照明系统的效果。对于起居室，宜采用柔和、自然的光线，以营造温馨舒适的氛围。LED 灯、白炽灯和荧光灯等都是当前常用的光

源类型。在灯具方面，除了考虑其照明效果外，还需注重设计感、材质和颜色等因素，以与起居室的整体装修风格相协调。

② 照明布局规划。照明布局规划是确保照明效果的关键步骤。需要根据起居室的布局、功能需求和装饰风格，合理规划灯具的位置、数量和类型。例如，在阅读区应设置足够的局部照明，在休闲区则可以使用柔和的间接照明。此外，还需要考虑光线的均匀分布和避免眩光等问题。

③ 智能控制设计。智能控制是现代照明系统的一大特点，它可以为用户提供更加便捷、个性化的照明体验。在起居室照明系统数字化设计中，可以采用智能开关、调光器、传感器等设备，实现光线的智能调节和场景设置。此外，还可以与智能家居系统相连，通过手机、语音助手等方式进行远程控制。智能照明系统是实现起居室舒适度和氛围调节的关键。通过智能灯泡、调光器和传感器等设备，用户可以方便地控制光线的亮度、色温和开关，以满足不同场合的需求。智能照明系统还能根据时间、天气和用户习惯自动调整光线，创造舒适的视觉环境。

④ 节能环保措施。节能环保是现代家居设计的重要理念之一。在起居室照明系统设计中，可以采取多种措施来降低能耗和减少环境污染。例如，选择高效节能的光源和灯具，合理规划照明布局以避免过度照明，使用智能照明控制系统来根据实际需要调整光线等（图4-32）。

⑤ 人性化设计考量。人性化设计是确保照明系统舒适性和易用性的关键（图4-33）。需要考虑到不同用户的视觉需求、使用习惯和个体差异，确保照明系统能够满足他们的实际需求。例如，对于老年人或视力不佳的用户，可以设置较低的照度和柔和的光线；对于需要长时间工作或学习的用户，可以提供均匀的局部照明。

图 4-32 智能照明控制系统

⑥ 美学与风格融合。照明系统不仅是提供光线的工具，更是塑造空间氛围和美学价值的重要因素。在起居室照明系统数字化设计中，需要注重照明系统与整体室内设计的融合与协调。无论是现代简约、传统复古还是其他设计风格，照明系统都应与之相得益彰，共同营造出和谐美观的起居环境。

图 4-33 人性化设计

⑦ 系统集成与调试。系统集成与调试是确保照明系统正常运行的关键步骤。需要将照明系统与起居室内的其他系统（如空调、窗帘等）进行集成，确保它们协调运作。同时，在系统安装完成后进行细致的调试和优化，确保照明系统能够满足用户的实际需求并达到预期效果。

⑧ 数字化模拟预览。在完成上述设计后，可以利用数字化工具进行模拟预览。通过 3D 渲染软件，可以得到接近真实效果的预览图，从而更直观地评估设计的合理性和美观性，这有助于在实际施工前发现问题并进行调整。

综上所述，起居室照明系统数字化设计需要综合考虑多方面的因素和需求。通过合理的设计和实施方案，可以为用户打造一个既舒适美观又智能节能的起居室照明环境。

起居室空间数字化设计应用涵盖了智能照明系统、智能家居控制、多媒体娱乐设备、环境监测与调节、装饰与家具定制、互动界面设计、空间规划与布局，以及安全防护系统等方面。这些应用不仅提升了起居室的舒适度和便利性，还为用户带来了更加智能化、个性化的生活体验。随着科技的不断发展，起居室数字化设计应用将在未来发挥更加重要的作用。

4.4.4 卧室空间数字化设计

（1）空间布局规划

在卧室空间数字化设计中，首要任务是进行空间布局规划（图 4-34）。利用数字化工具，可以精确地测量房间尺寸，并根据居住者的需求和习惯进行合理的空间划分。这包括确定床铺的位置、床头柜和衣柜的摆放、行走通道的宽度等。通过合理的布局规划，可以确保空间的使用效率最大化，同时保持居住的舒适感。

（2）色彩搭配选择

色彩在卧室设计中扮演着重要的角色。利用数字化工具可以进行色彩搭配的模拟和比较。一般来说，卧室的色彩应选择柔和、自然的色调，如浅蓝、米白、灰色等，以营造宁静、舒适的睡眠环境。同时，可以通过色彩的对比和点缀来增加空间的层次感。

（3）材质纹理应用

材质纹理的选择对卧室的整体氛围有着显著影响。数字化设计可以帮助人们预览不同材质纹理在卧室空间中的应用效果（图 4-35）。例如，选择柔和

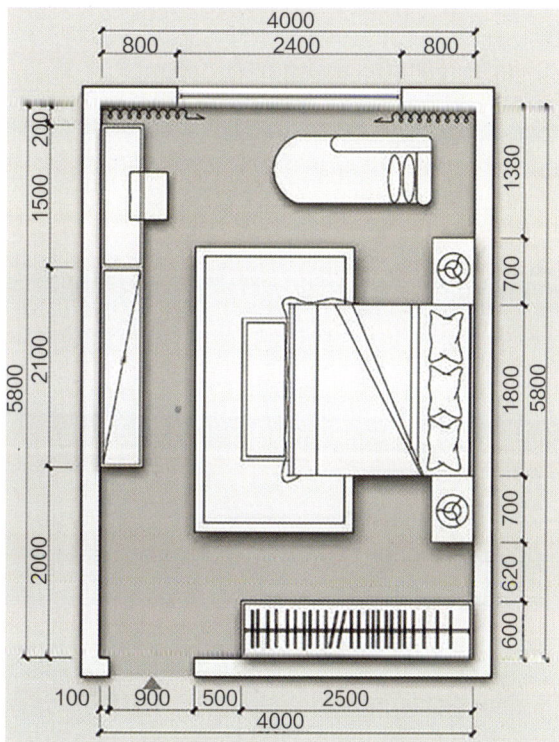

图 4-34　卧室空间布局规划

图 4-35　材质纹理应用效果

的布艺材质作为床头背景墙，或者使用天然木纹的地板材质，都可以营造出温馨的自然氛围。

（4）照明设计策略

照明设计是卧室空间设计中不可忽视的一环。数字化设计可以帮助设计师确定合适的照明策略，包括主灯、辅助灯、氛围灯等多种类型的灯具搭配。合理的照明设计不仅可以提供足够的光线，还可以营造出温馨的氛围，满足不同场景的需求。

（5）家具摆放建议

家具摆放对于卧室的空间感和舒适度有着重要影响。数字化工具可以提供家具摆放的建议，确保家具摆放既符合人体工程学，又能够充分利用空间。例如，床头柜的高度应与床垫的高度相匹配，衣柜的深度和宽度应满足收纳需求等。

（6）储物收纳方案

卧室的储物收纳是保持空间整洁的关键。数字化设计可以帮助设计师制定储物收纳方案，合理规划衣柜、储物柜等储物空间的位置和大小。同时，也可以提供便捷的收纳建议，如利用墙面空间安装置物架、采用折叠式收纳盒等。

（7）智能化设计考虑

随着科技的发展，智能化设计已经成为现代卧室设计的重要组成部分（图4-36）。数字化设计可以集成智能照明、智能窗帘、智能空调等智能化设备，实现智能家居的便捷体验。同时，需要注意保护个人隐私和数据安全。

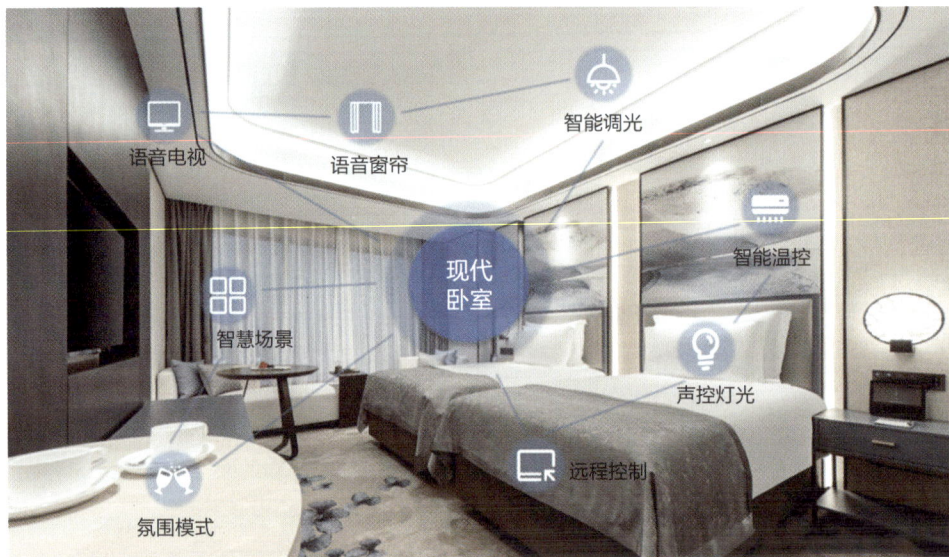

图 4-36　卧室智能化设计

（8）环保节能措施

在卧室设计中，还需要考虑环保和节能的问题。数字化工具可以帮助设计师选择节能的照明设备、采用环保的装修材料、优化空调和通风系统等。此外，还可以通过合理利用自然光和通风来减少能源消耗。

卧室空间数字化设计涵盖了空间布局规划、色彩搭配选择、材质纹理应用、照明设计策略、家具摆放建议、储物收纳方案、智能化设计考虑和环保节能措施等多个方面。通过数字化设计工具的应用，可以更加科学、高效地进行卧室设计，创造出舒适、美观且实用的卧室空间。

4.4.5 餐厅和厨房空间数字化设计

（1）空间布局规划

餐厅和厨房的空间布局规划是数字化设计的首要任务（图4-37）。考虑到厨房内各种设备的尺寸、工作流程以及安全因素，合理规划厨房的布局，确保厨房的高效运作。例如，应将炉灶、烤箱等热源设备放置在通风良好的区域，将冷藏设备放置在温度较低的区域，以减少能耗。

（2）设备选型配置

设备选型配置是餐厅和厨房数字化设计的重要环节。根据餐厅的菜品类型、产量以及预算等因素，选择合适的厨房设备，如炉灶、烤箱、蒸柜、洗碗机等。同时，要确保设备的兼容性，使其能够与数字化管理系统无缝对接。

（3）能耗分析优化

能耗分析优化是数字化设计在厨房空间中的重要应用。通过对厨房内各设备的能耗数据进行分析，找出能耗高的设备和环节，提出相应的优化措施，如调整设备的工作时间、更换节能设备等，以降低厨房的能耗成本。

图 4-37 餐厅和厨房空间布局规则

（4）环境控制系统

环境控制系统是确保厨房环境舒适和卫生的重要保障。通过数字化手段，对厨房内的温度、湿度、空气质量等进行实时监控和调节，确保厨房环境的舒适性和卫生标准。同时，要加强对厨房内油烟、异味等污染物的控制和处理。

（5）安全报警系统

安全报警系统是保障厨房安全的重要措施。通过安装烟雾报警器、燃气泄漏报警器等设备，实现对厨房内各区域的实时监控和预警，确保厨房设备的安全运行。同时，要加强对安全报警系统的维护和保养，确保其长期稳定运行。

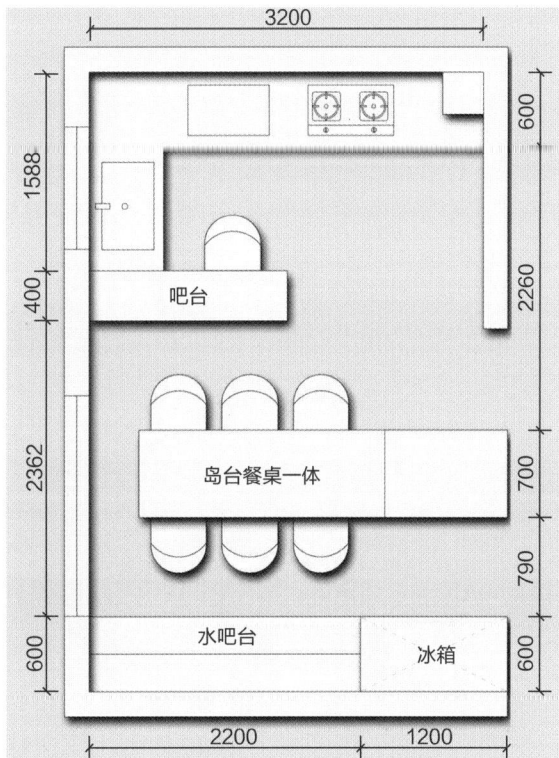

总之，餐厅和厨房空间数字化设计涵盖了空间布局规划、设备选型配置、工艺流程设计、能耗分析优化、环境控制系统、安全监控系统等多个方面。通过数字化设计手段的应用，可以实现厨房的高效运作、节能减排、环境舒适和安全监控等目标。

4.4.6 卫浴空间数字化设计

（1）空间布局规划

在卫浴空间数字化设计中，空间布局规划是基础且关键的一步。设计师需要充分考虑卫浴空间的大小、形状以及用户的使用习惯，合理规划各功能区域，如淋浴区、洗漱区、马桶区等。通过优化空间布局，提高空间的使用效率，同时保证用户的舒适体验（图4-38）。

图4-38　卫浴空间布局规划

（2）材质选择与搭配

材质选择与搭配直接影响卫浴空间的质感和美观度（图4-39）。设计师需要根据卫浴空间的整体风格和定位，选择适合的材质，如瓷砖、玻璃、金属等。同时，要注意材质的搭配和过渡，确保空间的整体协调性和统一性。

图4-39　卫浴空间材质选择与搭配

（3）色彩搭配与调性

色彩是卫浴空间设计中不可或缺的元素。设计师需要根据卫浴空间的大小、采光以及用户的心理需求，选择合适的色彩搭配和调性。通过巧妙的色彩运用，营造出舒适、温馨的卫浴空间氛围。

（4）照明设计与效果

照明设计对于卫浴空间的整体效果至关重要。设计师需要充分考虑自然光和人工光的结合，以及不同光源和灯具的选择和使用。通过合理的照明设计，营造出明亮、舒适的卫浴空间环境（图4-40）。

（5）节水、节能设计

节水和节能是现代卫浴空间设计中不可忽视的两个方面。设计师需要通过选择节水型卫浴设备、优化水流设计等方式，实现卫浴空间

图4-40　卫浴空间照明设计

的节水目标。同时，还可以通过采用节能灯具、优化通风系统等方式，降低卫浴空间的能耗。

（6）人机交互设计

人机交互设计是提升卫浴空间使用体验的重要手段。设计师可以通过引入智能卫浴设备、智能控制系统等，实现卫浴空间的人性化、智能化设计。通过人机交互设计，提高用户对卫浴空间的使用便利性和舒适度。

（7）3D 建模与渲染

3D 建模与渲染是卫浴空间数字化设计的重要工具。通过 3D 建模软件，设计师可以构建出卫浴空间的三维模型，并进行细致的材质贴图和光照渲染（图 4-41）。通过渲染，更加直观地展示卫浴空间的设计效果，便于设计师和用户进行沟通和调整。

总之，卫浴空间数字化设计涵盖了空间布局规划、材质选择与搭配、色彩搭配与调性、

图 4-41 卫浴空间三维渲染

照明设计与效果、节水节能设计、人机交互设计、3D 建模与渲染等多个方面。通过综合应用这些设计元素和方法，可以打造出功能完善、美观舒适、节水节能的卫浴空间，满足用户的多样化需求。

4.5 公共空间数字化设计

公共空间数字化设计是指运用数字技术、软件工具和算法，对公共空间进行规划、设计、模拟和优化，以实现空间的数字化表达、智能化管理和个性化服务。这种设计方式的特点在于其高效性、互动性和个性化，能够为用户提供更加便捷、舒适和有趣的空间体验。

4.5.1 餐饮空间数字化设计

餐饮空间数字化设计是运用数字技术、互动媒体和新型材质等手段，对餐饮空间进行创新和改造，以提升顾客的用餐体验，并强化餐饮品牌的独特性和市场竞争力。

4.5.1.1 设计原则

餐饮空间数字化设计应以顾客的用餐体验为核心，通过科技手段营造舒适、有趣和难忘的用餐环境。设计应体现餐饮品牌的独特性和文化价值，通过数字艺术手段强化品牌形象。数字化设计不仅要具备实用性，还应注重美观性，使空间既实用又富有艺术感。

（1）功能性与实用性

餐饮空间的设计首先要满足餐饮活动的功能需求，如用餐、备餐、服务等。同时，设计要

注重实用性，确保各个空间能够得到高效、便捷的利用。

（2）美观性与舒适性

餐饮空间的设计注重美观性，通过合理的布局、色彩搭配和照明设计来营造优雅舒适的用餐环境。同时，家具的选择和摆放也要考虑人体的舒适度和使用习惯。

（3）品牌特色与文化内涵

餐饮空间的设计要能够体现品牌的特色和文化内涵，通过设计元素和细节来传达品牌的理念和价值观。

4.5.1.2 设计要素

（1）空间布局规划

① 功能分区。餐饮空间通常包括入口区、等候区、就餐区、厨房区、储藏区、卫生间等。设计时需根据空间大小和餐饮类型合理规划，确保各区域功能明确，流线顺畅。

② 空间布局。餐桌和餐椅的布局需考虑空间利用率及顾客舒适度。餐桌间应保持适当距离，避免拥挤。对于大型餐饮空间，可采用分区布局，如设置包间、雅座等，以满足不同顾客需求（图4-42）。

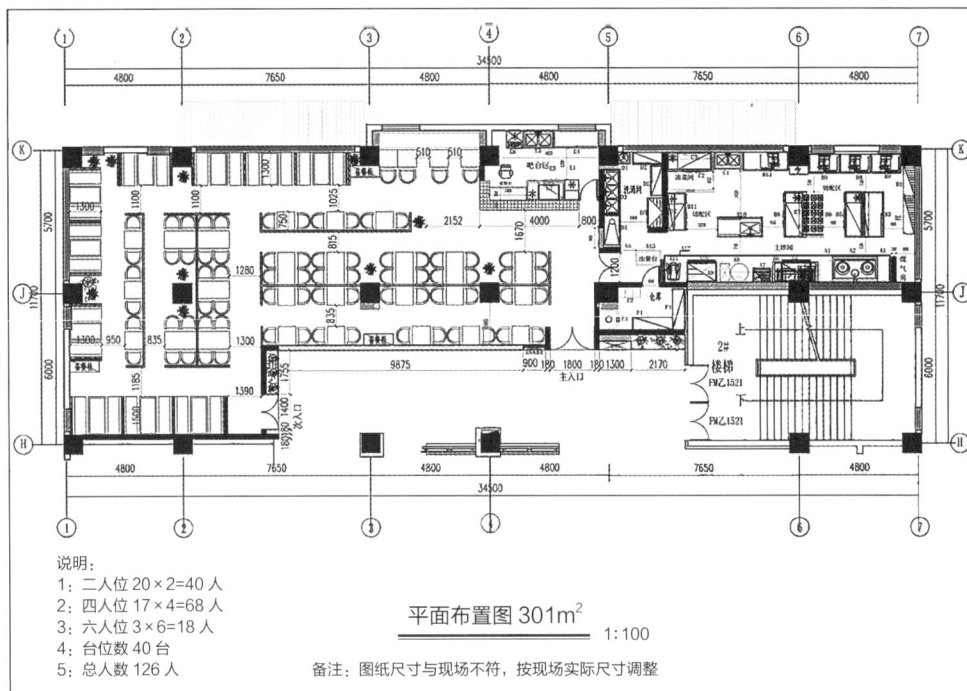

图 4-42　大型餐饮空间分区布局

（2）风格与色彩

餐饮空间的设计风格要统一协调，能够体现出品牌的特色和文化内涵。色彩的选择要符合餐厅的定位和氛围，通过色彩搭配营造出不同的用餐体验（图 4-43）。

风格与色彩在视觉艺术中紧密相连，共同塑造作品的整体印象。不同的风格往往需要不同的色彩方案来强化其特点。例如，古典风格可能倾向于使用温暖而丰富的色彩，以展现其豪华和历史感；现代风格可能倾向于使用冷色调和中性色，以突出其简洁和现代感。同时，色彩也可以作为跨越不同风格的桥梁，通过巧妙的搭配，将不同风格的元素融合在一起，创造出独特而富有层次感的视觉效果。因此，在设计过程中，理解和运用风格与色彩的关系是至关重要的。

图 4-43　餐饮空间的风格与色彩

（3）照明设计与氛围营造

① 照明设计。合适的照明不仅能够营造良好的就餐氛围，还能突出餐厅的特色和亮点。照明设计要注重层次感和光影效果，避免过于刺眼或暗淡。利用 LED 灯带、投影灯等设备，在墙面或地面上投影数字艺术作品（图 4-44），创造独特的视觉效果。同时，通过灯光设计，结合柔和的灯光和自然色系的墙面，使空间在夜间呈现出柔和温暖的氛围。

② 氛围营造。利用 VR、AR 等技术，为顾客提供沉浸式的用餐体验。例如，设置虚拟旅行、游戏等互动环节，增强顾客的参与感和趣味性。

图 4-44　数字艺术作品投影

（4）材质与家具

餐饮空间的材质与家具是创造舒适就餐环境的重要因素，它们不仅影响着餐厅的整体风格，还直接关系到顾客的用餐体验。

① 材质。餐饮空间的材质选择多样，不同的材质能带来不同的视觉、触感和心理感受。

a. 反射性材质。如金属、镜面等，这些材质坚硬牢固、张力强大，且外观新颖、高贵，具有强烈的现代感。它们能够反射光线，增加空间的明亮度和宽敞感，适合现代时尚的餐饮空间。

b. 纺织纤维品。包括毛麻、丝绒、锦缎、皮革等，这些材质柔软舒适，具有豪华、经典、雅致的特点，能够提升餐饮空间的温馨感和品质感（图 4-45）。

图 4-45　纺织纤维材质应用

c.砖墙。清水勾缝砖墙面能够唤起浓浓的乡情，大面积的灰砂粉刷面则平易近人，整体感强。这种材质适合营造具有乡村风情的餐饮空间。

d.玻璃。玻璃材质洁净、明亮、通透，能够诠释现代简约时尚的空间氛围。它常用于隔断、门窗等位置，既美观又实用。

此外，还有实木、石材、陶瓷等多种材质可供选择。它们各自具有独特的质感和美感，可以根据餐饮空间的整体风格和需求进行搭配。

② 家具。主要包括餐桌、餐椅、沙发、卡座等，它们的选择和搭配对于营造舒适的就餐环境至关重要。

a.餐桌。餐桌的形式多样，以桌面形式分主要有矩形桌与圆形桌两大类，矩形桌包括正方桌、长方桌、多边桌等，圆形桌包括圆桌、椭圆桌等。以支撑桌面的结构分主要有独柱支撑式、双片支撑式、四脚支撑式等几种。餐桌的材质也多样，如实木、石材、玻璃等，可以根据餐饮空间的整体风格和预算进行选择。

b.餐椅。餐椅的选择应注重舒适性和耐用性。一般餐椅不设扶手，以便用餐时感觉随便、自在。但在较正式的场合或显示主座时，可使用带扶手的餐椅以展现庄重的气氛。餐椅的座高、座前宽、座深以及椅背总高等尺寸应适中，以确保顾客的舒适体验。

c.沙发和卡座。沙发和卡座常用于餐饮空间的休息区或包间内，它们能够提供更加舒适和私密的用餐环境。沙发和卡座的材质及风格应与餐饮空间的整体风格相协调，以确保整体的和谐与美观。

在选择餐饮空间家具时，除了考虑其材质、风格和尺寸外，还应注重其实用性和耐用性（图4-46）。优质的家具不仅能够提升餐饮空间的整体品质，还能够为顾客提供更好的用餐体验。

餐饮空间的材质与家具是创造舒适就餐环境的重要因素。通过合理选择和搭配不同的材质与家具，可以营造出不同风格和氛围的餐饮空间，满足顾客的不同需求和喜好。

图4-46　餐饮空间家具选择

4.5.1.3 互动与体验

（1）互动游戏

在餐厅中可以设计一些与美食相关的互动游戏，如烹饪比赛、美食猜谜等，让顾客在参与游戏的过程中了解美食文化。这些游戏不仅可以增加就餐的趣味性，还可以提高顾客的参与度和满意度。

（2）个性化定制

在餐厅中可以根据顾客的口味偏好、饮食需求等提供个性化的菜品定制服务。通过数字化技术，收集和分析顾客的用餐数据，为顾客提供更加精准和贴心的服务。

（3）社交分享

在餐厅中可以设置拍照打卡区、美食分享墙等区域，鼓励顾客拍照并在社交媒体平台分享自己的用餐体验，从而扩大餐厅的品牌知名度和影响力，吸引更多的顾客前来就餐。

4.5.1.4 案例分析

以某沉浸式科幻体验餐厅为例，该餐厅将美味优雅的美食与实时投影相结合，为消费者带来多重感官体验。餐厅设计采用虚拟现实技术，通过"数字＋艺术＋科技＋故事"的多元素融合，让消费者置身于充满想象力和创意的空间中。在用餐区，环绕的 LED 大屏幕配合穹顶的点点"星光"，让人仿佛化身为一颗宇宙粒子。此外，餐厅内还设置了多款主题视频元素和 AR 互动游戏，让顾客在享受美食的同时，参与趣味多彩的互动体验。

4.5.1.5 设计趋势与创新

（1）自然与环保

随着人们环保意识的提高，越来越多的餐饮空间开始采用自然色系和环保材料进行设计，如石材、木材等天然材料，以及可再生、可降解的装饰材料等。未来餐饮空间数字化设计将更加注重自然色彩和环保材质的应用，以呼应环保的消费趋势。

（2）智能科技

如今智能科技在餐饮空间室内设计中的应用日益广泛，如自助点餐系统、智能灯光控制系统等。未来智能灯光系统和互动投影技术将成为提升餐饮空间氛围及顾客体验的重要手段，不仅可以提升服务效率，还能增强顾客的用餐体验。

（3）个性化与差异化

在竞争激烈的餐饮市场中，个性化与差异化成为餐饮空间设计的重要趋势。通过独特的设计风格和元素，如主题餐厅、特色装饰等，吸引顾客并提升品牌形象。

4.5.2 酒店空间数字化设计

酒店空间设计是一个综合性的领域，它涉及建筑学、环境心理学等多个学科，旨在创造出既美观又实用、既符合酒店定位又能满足顾客需求的空间环境。随着科技的发展，智能化和数字化已经成为酒店空间设计的重要趋势。从智能门锁、温控系统到自助入住和退房服务，科技的运用不仅提升了客户体验，还提高了运营效率（图 4-47）。

图 4-47 智能化与数字化酒店设计

4.5.2.1 酒店空间数字化设计的原则

（1）独特性与差异性

在酒店空间数字化设计中，保持酒店空间的独特性和差异性至关重要。这要求设计师在规划阶段就深入挖掘酒店的品牌特色和文化底蕴，通过数字化手段将其融入空间设计中，从而创造出具有辨识度的酒店环境（图4-48）。这有助于酒店在激烈的市场竞争中脱颖而出，吸引更多消费者的关注和青睐。

图4-48　体现特色与文化底蕴的酒店空间

（2）和谐统一

酒店空间数字化设计应追求酒店空间的和谐统一。从美学的角度来看，和谐是达到愉悦效果的一种方式。因此，在数字化设计过程中，需要注重色彩搭配、空间布局、灯光效果等方面的协调统一，以营造出舒适、温馨的氛围。同时，也要考虑消费者的审美习惯和接受程度，确保设计方案能够得到广泛认可。

（3）以人为本

以人为本是酒店空间数字化设计的核心原则。在规划过程中，需要充分考虑客人的需求和体验，通过数字化手段提升空间的便捷性、舒适性和安全性。例如，可以利用智能客房系统为客人提供个性化的服务体验，如智能控制灯光、窗帘、空调等设备，以及提供音乐、电影等娱乐内容。此外，还可以通过大数据分析客人的行为和偏好，为客人提供更加精准的服务推荐。

4.5.2.2 酒店空间设计的要素

（1）空间布局

利用CAD、3D建模等软件进行空间布局设计，确保空间利用合理且符合客人需求。通过模拟和测试不同的布局方案，选择最优方案进行实施，避免空间浪费和流线不畅。客房、餐厅、会议室等区域应相对独立，同时又能方便相互连接。根据客人的需求和酒店的定位，设置不同的功能区域，如休息区、工作区、娱乐区等。通过优化空间布局，提高空间的利用率和灵活性。例如，设置可移动隔断、多功能家具等，以适应不同的活动和需求。

（2）色彩与材质

色彩与材质是酒店空间设计的重要组成部分。色彩可以营造不同的氛围和情绪，而材质能体现酒店的品质和风格。酒店空间色彩与材质的选择和运用对于营造整体氛围、提升顾客体验至关重要。

① 酒店空间色彩

a. 确定主题色。根据酒店的定位、风格和目标客户群体，确定一个或多个主题色。例如，豪华酒店可能选择金色、银色或深蓝色来展现高贵与奢华；而度假酒店则可能更倾向于使用自然、清新的色彩，如绿色、蓝色或米色（图4-49）。

b. 色彩搭配与过渡。在确定主题色的基础上，通过色彩搭配来创造视觉层次感。可以使用对比色、邻近色或类似色进行搭配（图4-50），以形成和谐统一的视觉效果。应注意色彩的过渡与融合，避免突兀的色彩变化，使空间看起来更加流畅和自然。

图4-49 酒店空间主题色的确定

图4-50 酒店空间色彩搭配

c. 色彩与功能区域。根据酒店的不同功能区域，选择与之相适应的色彩。例如，大堂可以选用明亮、温暖的色彩来营造欢迎的氛围，客房则可以使用柔和、舒适的色彩来营造宁静、放松的环境。

d. 照明对色彩的影响。照明是调节色彩氛围的关键因素。通过调整灯光的亮度和色温，可以改变色彩的呈现效果，从而营造出不同的氛围。

② 酒店空间材质

a. 材质选择与质感。根据酒店的定位和设计风格，选择合适的材质。例如，豪华酒店可以选用大理石、黄铜、皮革等高档材质来彰显品质；度假酒店则可能更倾向于使用木材、竹材、石材等自然材质来营造自然、舒适的氛围。应注意材质的质感与触感，确保客人在使用过程中的舒适度和满意度。

b. 材质搭配与层次。通过不同材质的搭配，创造丰富的层次感和视觉效果。例如，将木材与石材、金属与玻璃等不同材质的家具、装饰品进行组合，使空间更加生动有趣（图4-51）。

c. 材质与空间布局。根据酒店空间的布局和功能需求，选择合适的材质进行布置。例如，在宽敞的大堂中，可以使用大面积的地毯和豪华的家具来增强空间的豪华感；而在狭小的客房中，则应选择简洁、轻盈的材质来避免压抑感。

图4-51 酒店空间材质搭配

d. 材质的安全与环保。在选择材质时，要确保其符合安全、环保的标准。避免使用对人体有害的材质，如甲醛超标的板材、含有有害物质的涂料等。

e. 材质的维护与保养。考虑材质的维护与保养成本，选择易于清洁、耐用的材质。这不仅可以降低酒店的运营成本，还可以提高客人的满意度和忠诚度。

酒店空间色彩和材质的选择与运用是一个综合性的过程，需要综合考虑酒店的定位、设计风格、功能需求以及顾客体验等多个因素。通过合理的色彩搭配和材质选择，可以营造出独特的空间氛围，提升酒店的品质和竞争力。

（3）照明设计

在酒店空间中，合理的照明设计可以提升空间的层次感和舒适度，同时还能节约能源（图4-52）。酒店空间数字化照明设计是一个综合性的工程，它涉及物联网、大数据、人工智能等先进技术，旨在提升宾客体验、实现节能减排、提高管理效率。

① 设计思路与目标

a. 设计思路。利用物联网、大数据、云

图4-52 酒店空间照明设计

计算等技术，实现对酒店内所有照明设备的集中控制、智能调度与远程管理。围绕"绿色、节能、舒适、便捷"四大核心理念展开，满足客人对个性化照明环境的需求，兼顾酒店的节能减排目标，同时提升酒店管理的智能化水平。

b. 设计目标。实现照明系统的智能化控制，根据时间、环境光线强度、人流量等因素自动调节照明亮度与色温。预设多种照明场景模式，如迎宾模式、休息模式、会议模式等，方便用户一键切换。通过智能调度减少不必要的能源浪费，实现节能降耗。提供远程监控与维护功能，提高管理效率。

② 系统架构。采用分层架构设计，包括感知层、网络层、平台层和应用层。感知层通过智能灯具、传感器等采集光照、人员流动等数据。网络层负责数据的传输与通信。平台层提供数据处理、分析与决策支持。应用层则面向用户和管理者，提供直观的操作界面和丰富的功能应用。

③ 核心功能与应用场景

a. 核心功能。根据客房的使用状态自动调整照明设备的开关和亮度。提供多种预设的照明场景，客人可以根据需要轻松切换。允许客人根据自己的喜好调整照明设备的亮度、色温等参数。通过智能控制减少不必要的能源消耗。

b. 应用场景。为客房提供舒适的照明环境，包括床头灯、台灯、顶灯等。为酒店大堂、走廊、餐厅、室外景观、停车场等公共区域提供智能照明控制。

④ 设计要点。以用户为中心，提供简单、直观的操作界面和舒适、个性化的照明体验。充分考虑节能需求，通过合理的控制策略和设备选型减少能源浪费。采用成熟的技术和可靠的设

备，确保系统的稳定性和安全性。具备良好的扩展性和维护性，以适应酒店业务的发展和变化。

随着技术的不断进步与应用的深入，智能照明控制系统将在酒店业发挥更加重要的作用。系统将更加智能和自适应，能够根据客人的需求和习惯进行自动调节。同时，系统将与其他智能设备形成一体化的智能生态系统，提升酒店的整体智能化水平。

（4）家具与装饰品

家具与装饰品是酒店空间设计的点睛之笔。它们不仅能满足客人的使用需求，还能提升空间的审美价值。

① 设计。调研酒店的定位、风格、目标客户群等，以确定家具与装饰品的整体风格和设计方向。根据酒店的空间布局和功能需求，合理规划家具的摆放位置和装饰品的点缀区域。制定详细的家具与装饰品设计方案，包括家具的样式、材质、颜色，以及装饰品的种类、风格、摆放方式等。

② 选择

a. 家具选择。根据设计方案，选择符合酒店风格和需求的家具，包括床、沙发、餐桌、椅子、衣柜等。家具的选择应注重实用性和美观性，并考虑其耐用性和舒适性。

b. 装饰品选择。根据酒店的装修风格和主题，选择与之相匹配的装饰品，如挂画、摆件、花瓶、绿植等。装饰品的选择应注重艺术性和文化性，同时考虑其与家具的协调性。

③ 布置。按照空间规划，将家具摆放在合适的位置，确保空间布局合理、使用便捷。根据设计方案，将装饰品点缀在空间中，营造出优雅、舒适的氛围。装饰品的布置应注重层次感和空间感，避免过于拥挤或单调。

（5）酒店空间设计的趋势

酒店空间设计是一个不断发展变化的领域，它受到多种因素的影响，包括技术进步、消费者需求的变化、可持续发展理念的推广以及全球文化和审美的演变。

① 注重可持续性。环保意识在全球范围内的提升促使酒店设计更加注重可持续性，这包括使用环保材料、节能设备以及优化建筑布局以减少能源消耗。

② 个性化与定制化。如今消费者越来越追求个性化的住宿体验。因此，酒店空间设计需要更加注重细节，提供多样化的主题和风格（图 4-53），以满足不同消费者的需求。

③ 多功能性与灵活性。随着工作与生活方式的融合，酒店空间需要具备多功能性和灵活性，以适应不同的活动和需求。例如，设置可以灵活转换的会议室、休息区等。

图 4-53　酒店个性化设计

④ 文化与艺术的融合。现代酒店空间设计越来越注重将当地文化和艺术元素融入空间中，以创造独特的氛围和体验（图 4-54）。这有助于提升酒店的品牌形象，吸引更多游客。

⑤ 注重细节处理。在设计过程中，应注重细节处理，包括色彩搭配、材质选择、照明设计等，以确保整个空间的协调性和美感。

酒店空间设计是一个综合性的领域，需要综合考虑功能性、美观性、舒适性和安全性等多个方面。通过了解顾客需求、考虑酒店定位、注重细节处理等措施，可以设计出既符合酒店定位又能满足顾客需求的优质空间环境。

图 4-54　文化与艺术元素

4.5.3 商场空间数字化设计

商场空间是一个融合了现代科技与艺术美学的综合性领域。商场空间数字化设计是商业空间设计的一个重要趋势，它融合了现代科技与传统商业空间设计的精髓，旨在为消费者提供更加便捷、舒适和个性化的购物体验。

（1）设计理念

商场空间数字化设计应以受众为中心，充分考虑目标客户群体的特点、需求和偏好（图4-55）。通过深入了解消费者的兴趣、文化背景以及消费习惯，设计师可以创造出既符合市场需求又充满个性的商业空间。

（2）技术应用

① VR 与 AR 技术。顾客可以在虚拟环境中浏览商品、试穿服装或模拟家居布置，从而做出更加明智的购买决策。

② 数字化展示。通过 LED 显示屏、触摸屏等现代化设备，展示商品信息、促销活动或品牌故事。这些数字化展示不仅提高了信息的传递效率，还增强了商场的科技感和现代感。

③ 智能交互。设置丰富的互动设备，如智能机器人、体感游戏机等，让顾客能够参与其中，与商场环境进行互动。这种互动体验不仅提高了顾客的参与度，还增加了商场的趣味性和吸引力。

图 4-55　商场空间个性化设计

（3）空间布局与色彩搭配

① 空间布局。数字化商场的空间布局应合理规划，确保顾客能够轻松浏览整个商场。可以采用开放式设计，将各个区域通过过道和平台连接起来，使顾客能够自由地穿梭于各个展区之间。同时，利用立体空间设置多层展台和悬挂式展示架，以展示更多的商品和多媒体内容。

② 色彩搭配。合理的色彩搭配能够营造出舒适、愉悦的购物环境。设计师应根据商场的品牌形象和展示内容的特点，选择适合的主色调和辅助色。为了营造科技感，可以选择冷色调或金属色调作为主色调，并结合明亮的辅助色进行点缀，以增加商场的活力和吸引力。

（4）照明设计

照明设计在数字化商场中起着至关重要的作用。合理的照明不仅能够提升商品的展示效果，还能营造出舒适、温馨的购物环境。设计师应根据商场的特点和顾客的视觉需求，选择合适的照明方式和灯具。在数字化商场中，可以使用现代化的照明设备，如 LED 灯、投影灯等，来营造科技感和沉浸感（图 4-56）。同时，应根据不同区域的特点设计不同的照明效果，以突出商品的特色和多媒体内容的展示效果。

图 4-56　商场照明数字化设计

（5）案例分析

① 盒马里·岁宝。作为盒马旗下首个数字化购物中心，将数字化技术与社区型购物中心的设计理念相结合，为周边居民提供了便捷、舒适的购物体验。商场内部采用了"街区式"布局，打破了传统店墙分割空间，通过开放式餐饮、集市等场景强化社区概念，使其承载更多的社交功能。同时，盒马里·岁宝还打通了线上和线下渠道，顾客可以通过盒马 App 一键下单、预约服务等。

② 上海港汇恒隆广场。在升级改造过程中，上海港汇恒隆广场注重数字化技术的应用和商场氛围的营造。商场外立面、内部建筑、动线设计等方面都进行了全面升级，同时运用了流畅线条的观光电梯、钻石切割形状的各种射灯等现代化设备，打造出高端奢华的整体氛围。这些数字化技术的应用不仅提升了商场的档次和品质，还吸引了大量顾客前来购物和休闲。

随着数字化技术的不断发展和普及，商场空间设计将呈现出更加多元化、个性化的趋势。未来，设计师将更加注重顾客的体验和感受，通过创新的设计理念和技术手段为顾客提供更加便捷、舒适、有趣的购物环境。同时，数字化商场也将成为推动实体零售转型升级的重要力量之一。

4.5.4 展示空间数字化设计

展示空间是一个集创意、科技、艺术于一体的综合性领域，展示空间数字化设计是结合现代科技手段，将传统展览形式与数字技术深度融合，创造出更具互动性、沉浸感和信息丰富性的展示环境。

（1）设计理念

展示空间数字化设计的核心理念在于通过数字化技术打破传统展览的空间和时间限制，为参观者提供前所未有的互动体验，使展览内容更加生动、直观、易懂（图 4-57）。这种设计理念不仅革新了展览方式，更是现代科技与艺术完美结合的体现。展示空间数字化设计应以观众体验为核心，注重互动性、趣味性和教育性。进行设计时应充分利用数字化技术，如 VR、AR、全息投影等，为观众创造一个沉浸式的展示环境，使其能够身临其境地感受展示内容。

图 4-57　互动体验设计

（2）设计原则

① 创意性。进行设计时应具有独特的创意和构思，能够吸引观众的注意力并激发其好奇心。

② 科技性。进行设计时应充分利用数字化技术，实现展示内容的动态化、互动化和智能化。

③ 艺术性。进行设计时应注重色彩搭配、空间布局和灯光效果等艺术元素，使展示空间具有美感和审美价值。

④ 功能性。进行设计时应满足展示空间的基本功能需求，如展品展示、信息传达、观众互动等。

（3）内容创作与展示

① 设计元素

a. 数字化设备。如触摸屏、VR 眼镜、AR 设备、全息投影仪等，用于展示内容和与观众进行互动。

b. 多媒体内容。视频、音频、动画等多媒体素材的制作，确保信息传达的生动性和准确性（图 4-58）。

c. 互动装置。如体感游戏、触摸感应装置、虚拟试衣镜等，用于增强观众的参与感和互动性。

图 4-58　展示空间多媒体素材综合设计

② 设计创作

a. 内容策划。根据展示主题，设计富有创意和连贯性的故事线，确保内容既有深度又易于理解。

b. 空间布局。合理规划展示空间，设置不同的展示区域和互动区域，确保观众能够顺畅地浏览和体验。

c. 视觉设计。结合数字艺术手段，设计吸引人的视觉元素，包括用户界面、动画效果、色彩搭配等。

d. 灯光效果。运用灯光效果来营造氛围，突出展品，引导观众视线，并提升展示空间的整体美感。

e. 交互设计。优化用户体验，确保交互流程顺畅，界面友好，易于操作。

（4）应用场景

展示空间数字化设计广泛应用于各类展览中，如博物馆、科技馆、企业展厅等。

① 博物馆。在博物馆中，可以通过数字化技术将历史文物以全新的方式呈现出来，让观众能够身临其境地感受历史的魅力。例如，利用 VR 技术重现历史场景，让观众仿佛置身于那个时代中（图 4-59）。

② 科技馆。在科技馆中，可以利用三维动画和互动装置，让复杂的

图 4-59　历史文物数字技术呈现

科学原理变得直观易懂，激发观众对科学的兴趣和探索欲（图 4-60）。例如，通过触摸屏操控模拟实验，让观众亲身体验科学的奥秘。

③ 企业展厅。企业展厅主要用于展示企业的产品、发展历程、战略布局等，以提升企业的品牌形象和创新能力。企业展厅可以利用全息投影技术展示产品的三维模型（图 4-61），让观众从各个角度观察产品，增强产品的吸引力。

图 4-60　互动装置

图 4-61　全息技术展示

（5）设计案例

以某数字化展厅为例，其设计具有如下特点。

① 沉浸式体验。利用 VR 技术为观众提供一个沉浸式的展示环境，使其能够身临其境地感受展示内容。

② 互动性强。设置多个互动装置，如体感游戏、触摸感应装置等，让观众能够积极参与并体验展示内容。

③ 科技感十足。运用全息投影、触摸屏等数字化技术，使展示空间充满科技感和现代感。

④ 信息传达准确。通过多媒体内容和数字化设备，准确传达展示内容的信息和背景。

展示空间数字化设计是未来展览业的发展趋势之一。它以其独特的魅力和优势，为观众提供了前所未有的互动体验，并推动了展览业的创新和发展。

第 5 章
/ 数字化室内设计的发展趋势

5.1 数字化室内设计的优势与挑战

数字化室内设计，作为现代设计技术与创意融合的产物，具有众多显著优势。这些优势不仅提升了设计效率与质量，还极大地丰富了设计表达与用户体验，为设计师、客户乃至整个行业带来了前所未有的变革。

数字化工具如 CAD（计算机辅助设计）、3D 建模软件、BIM（建筑信息模型）等，能够极大地缩短设计周期。设计师可以在计算机上快速绘制平面图、立面图、剖面图以及生成三维模型，快速进行概念构思、方案调整和细节优化（图 5-1）。数字化设计软件能即时反馈设计更改效果，极大地缩短了设计周期，提高设

图 5-1　数字化信息模型

计效率。数字化室内设计工具允许设计师在虚拟环境中不断试错，迅速迭代设计方案，直至达到最佳效果。

数字化设计不仅限于二维图纸，还能生成高度逼真的三维渲染图和 VR 体验。这种直观的视觉呈现方式让客户能够身临其境地感受设计效果，提高沟通效率，减少误解。同时，设计师也能更直观地审视设计方案，及时发现并解决问题。

数字化设计平台支持多人在线协作，设计师、业主、施工方等各方可以实时共享设计信息，进行无缝沟通。这种协同工作方式打破了地域和时间的限制，提高了团队工作效率，使得设计师、业主、施工方及其他利益相关方之间的沟通与协作变得更加便捷。同时，也确保了设

计信息的准确性和一致性。设计师可以通过共享设计文件、在线会议等方式，实时展示设计理念，收集反馈并做出调整。同时，BIM 等技术还能实现设计与施工的深度融合，提高项目的整体协调性和执行效率。

在数字化室内设计阶段，可以对材料使用、空间布局、能耗等方面进行精确的模拟和分析，从而帮助设计师和业主更好地控制项目成本，优化预算分配。通过预先发现并解决潜在问题，减少设计变更和施工浪费。数字化设计软件通常集成材料库和成本估算功能，能够根据设计方案自动计算所需材料的种类、数量和价格。

数字化室内设计产生的所有数据都可以方便地存储在云端或本地服务器上，实现数据的集中管理和长期保存。这不仅便于设计师随时查阅历史设计方案和修改记录，还为客户提供了可靠的设计资料备份。此外，数据化存储管理还有助于行业标准的制定和知识的传承。

随着环保意识的增强，绿色设计已成为室内设计的重要趋势。数字化设计软件能够评估设计方案对环境的影响，如能源消耗、室内空气质量等。通过模拟分析，设计师可以调整设计方案，降低对环境的负面影响，实现绿色可持续发展（图 5-2）。数字化室内设计还能够与可持续发展理念相结合，通过模拟分析建筑能耗、采光、通风等环境性能，促进绿色建材和节能技术的应用，推动室内设计向更加环保、低碳的方向发展。

总之，数字化室内设计以其高效、精准、直观、经济、环保、多样、协同和数据化等优势，正

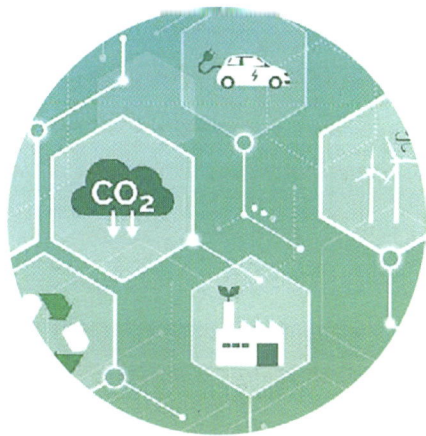

图 5-2 绿色设计

成为室内设计领域的主流趋势。随着技术的不断进步和应用的深化，数字化室内设计将为设计师、客户乃至整个行业带来更多的惊喜和可能性。

5.1.1 数字化室内设计的最新技术和研究成果

在数字化时代，室内设计行业正以前所未有的速度融入科技创新的洪流。数字化技术与研究成果不仅重塑了设计流程，还极大地丰富了设计表现力，提升了用户体验。在数字化浪潮的推动下，室内设计行业正经历着前所未有的变革。前沿技术的应用不仅极大地提升了设计的效率与质量，还为用户带来了更加个性化、智能化的居住体验。

5.1.1.1 3D 设计与渲染技术

3D 建模与渲染技术是当前数字化室内设计的基石。通过专业的 3D 设计软件，设计师能够构建出高度逼真的虚拟空间模型，包括墙体、家具、装饰品等元素，实现设计的三维可视化。实时预览功能允许设计师和客户在设计初期就能直观地感受到设计成果，及时调整与优化方案。在 3D 设计与渲染领域，新技术成果不断涌现，为创意产业带来了前所未有的变革。

（1）高精度模型库

3D 高精度模型库是设计师、工程师、视觉特效艺术家和游戏开发者等专业人士在创作过程中常用的资源平台。丰富的 3D 模型库，包含家具、装饰品等室内元素，能够提高设计效率，快速调用并调整。这些模型库提供了大量结构复杂、面数多、细节表现丰富的高精度 3D 模型，可满足不同领域的需求。

① TurboSquid。TurboSquid 是全球知名的 3D 模型素材库，自 2000 年成立以来，一直是设计师、工程师、视觉特效艺术家和游戏开发者的首选平台。其涵盖了建筑、人物、动物、机器以及科幻元素等多种类型的 3D 模型。同时，每个模型都由专业的 3D 艺术家手工精心打造，质量上乘。简洁明了的界面设计，使得搜索和下载 3D 模型素材变得轻而易举。拥有近 150 万种高质量 3D 模型素材。

② Free3D。Free3D 是一个提供免费素材的 3D 模型素材库，尽管其资源库规模相对较小，但模型质量卓越。其所有模型均免费提供，且具备极高的质量。模型素材可以适配多种主流的 3D 软件，如 Maya、3DS MAX、Cinema 4D、Blender 等。鼓励用户上传并分享自己的 3D 模型素材，形成充满创新与创造力的社区。

③ CGTrader。CGTrader 是一家备受好评的 3D 模型素材库，汇聚了大量高品质的 3D 模型素材。其拥有超过 100 万份高品质的 3D 模型素材，涵盖游戏资产、人物模型、建筑、家具等各类资源。同时，每个上传至平台的模型都会经过严格审核，以确保模型质量。用户可以利用关键词搜索或筛选功能快速找到所需模型。

（2）实时渲染引擎

近年来，随着算法的优化和硬件性能的提升，实时渲染技术取得了显著进步，使得设计师能够在设计过程中即时查看接近最终效果的渲染图像，极大地缩短了设计周期。同时，物理引擎的引入使得渲染效果更加逼真，能够模拟光线、材质、阴影等复杂场景，为客户提供更加直观的设计体验。此外，云计算和 GPU（图形处理器）加速技术的应用进一步加速了渲染过程，使得大规模复杂场景的渲染成为可能。

实时渲染技术克服了传统渲染处理时间长、效率低的问题，通过创建交互式视觉效果来吸引观众注意力，提供即时的视觉反馈。这促进了设计的创新，使建筑师和设计师能够尝试不同的设计方案并立即看到结果。该技术广泛应用于游戏开发、建筑设计、室内设计、VR 和 AR 等领域，为用户带来沉浸式体验。如 Unreal Engine 和 Lumberyard 等游戏引擎的引入，极大地提升了渲染的真实感和速度，使得设计成果几乎达到照片级真实度。

光照模拟技术的应用，使渲染效果更加接近真实环境，提升了设计成果的逼真度。实时渲染还开发了基于云计算的 3D 渲染平台，实现了大规模场景的快速渲染与分享。

（3）云渲染与协作

云渲染与协作技术将设计过程移至云端，实现了设计资源的共享与同步更新。设计师可以在任何地点、任何时间通过云端平台进行设计工作，并与团队成员和客户进行实时协作。

利用云端强大的计算能力进行渲染，缩短渲染时间，降低本地设备配置要求。云端协作平台支持多人在线协作,实现设计方案的实时共享与讨论,提高设计效率。

5.1.1.2 数字化室内设计软件

随着科技的飞速发展,数字化室内设计软件正不断融合新技术,推动设计领域的创新与变革。AI 技术在数字化设计软件中的应用日益广泛,为设计过程带来了革命性的变化。

多模态交互技术使得数字化室内设计软件不再局限于传统的键盘、鼠标输入方式,而是支持语音、手势、触控等多种交互方式。这种交互方式更加自然、直观,能够极大地提升用户体验。例如,设计师可以通过语音命令来操作设计软件,或者利用手势在虚拟环境中进行 3D 建模和编辑,从而更加高效地完成设计工作。

(1)协同设计平台

协同设计平台是数字化室内设计软件发展的重要趋势之一。这些平台支持多人同时在线协作,实现设计资源的共享和实时同步。设计师可以在平台上进行任务分配、进度跟踪、意见反馈等操作,从而加强团队协作,提高设计效率。同时,协同设计平台还支持跨地域、跨时区的设计合作,使得全球范围内的设计师能够共同参与到项目中来。

(2)可持续设计工具

随着环保意识的增强,可持续设计成为设计领域的重要议题。数字化室内设计软件中的可持续设计工具能够帮助设计师在设计过程中考虑环境因素,如材料选择、能源消耗、废物处理等。这些工具通过提供绿色材料库、能耗模拟等功能,引导设计师做出更加环保、节能的设计决策,推动可持续发展。

(3)轻量化设计

数字化室内设计软件中的轻量化设计工具能够帮助设计师在保证产品性能的前提下,通过优化结构设计、选择轻质材料等方式减轻产品重量,提高产品能效。这些工具不仅提高了设计效率,还降低了生产成本,满足了市场对高效、节能产品的需求。

总之,随着技术的不断发展和完善,数字化室内设计软件将在未来发挥更加重要的作用,为设计行业带来更加高效、智能、环保的设计体验。

5.1.1.3 人工智能辅助设计

随着深度学习、神经网络等技术的不断发展,人工智能(AI)技术取得了显著的进展。AI 在语音识别、图像识别、自然语言处理等领域取得了突破性进展。例如,AI 在自动驾驶、医疗诊断、智能家居等领域的应用日益广泛,极大地提高了生产效率和生活便利性。此外,AI 还在数据分析、预测等领域发挥着重要作用,为决策提供了有力支持。

AI 辅助设计是近年来室内设计领域的一大突破。通过深度学习、自然语言处理等 AI 技术,能够分析用户偏好、历史设计案例及流行趋势,预测设计趋势、优化设计方案,甚至自动生成创意设计(图 5-3),自动生成初步设计方案或提供设计建议,这极大地缩短了设计周期,同时保证了设计的创新性与实用性。例如,AI 辅助的色彩搭配、布局规划等功能,使得设计师能够更快速地完成初步设计，并不断优化设计方案，提高工作效率和质量。

通过机器学习算法分析大量设计案例，AI 能够学习设计规则与趋势，为设计师提供创意灵感与设计建议。

AI 算法是指通过分析用户的喜好和行为数据，自动生成符合个性化需求的设计方案，极大地提高了设计效率与用户满意度。结合自然语言处理技术，AI 能理解并响应设计师的语音或文本指令，实现更加智能的人机交互（图5-4）。根据房间尺寸、采光条件等因素，AI 自动规划家具摆放位置，实现空间的最大化利用。基于用户的色彩偏好及房间风格，AI 提供多种配色与材质选择方案。

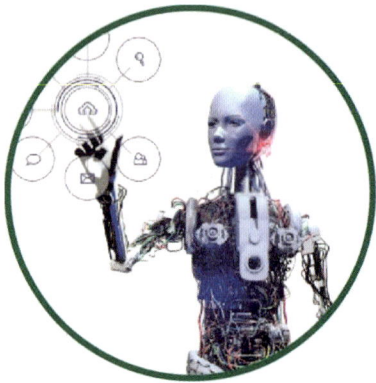

图 5-3　AI 辅助设计

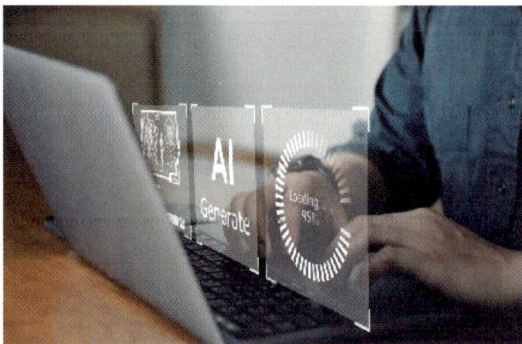

图 5-4　人机交互

AI 智能设计助手能够根据用户需求自动生成初步设计方案并持续优化，实现了基于 AI 的设计评估系统，对设计方案进行自动评分并提出优化建议。

5.1.1.4 BIM 技术

BIM（building information modeling）是一种基于数字化转型的建筑设计和管理方法，它不仅局限于几何信息的表达，更包含了建筑项目的各种非几何信息，如材料、性能、成本、施工进度等。BIM 模型通过参数化设计，实现了各个部分之间的关联，使得设计变更能够自动更新相关部分，大大提高了设计效率和精度。

BIM 模型包含了室内空间的所有几何信息、属性信息及相互关联关系，使得设计师能够全面、准确地掌握设计细节。同时，BIM 技术还支持多专业协同工作，提高了设计效率和质量。在施工阶段，BIM 模型还能为施工队伍提供精确的施工指导，减少施工错误和浪费。BIM 技术的参数化设计特性使得设计变更变得简单易行。当设计师需要调整某个设计元素时，BIM 模型会自动更新与之相关联的部分，无须手动修改大量图纸。这不仅提高了设计效率，还减少了人为错误。

随着技术的不断发展，BIM 技术在室内设计领域的应用还将进一步扩展。未来，BIM 技术可能与 VR、AR 等技术结合，为设计师提供更加直观和沉浸式的设计体验。同时，BIM 技术还将更多地与智能建筑和物联网技术相结合，推动室内设计向智能化、绿色化方向发展。

5.1.1.5 VR/AR 技术

随着科技的飞速发展，VR 与 AR 技术作为新兴领域的佼佼者，正以前所未有的速度推动着数字世界的边界拓展。

近年来，VR 与 AR 技术不再孤立发展，而是呈现出深度融合的趋势。通过结合物联网（IoT）、AI、5G 通信等先进技术，VR/AR 应用变得更加智能化、互动化。例如，AI 驱动的内容生成与推荐系统能够根据用户行为和偏好，动态调整 VR/AR 场景中的元素，提升用户体验；5G 技术为 VR/AR 提供了低延迟、高带宽的网络支持，使得远程实时交互成为可能。

硬件性能的持续升级推动了 VR/AR 技术的发展。当前，市场上出现了众多高性能的 VR/AR 头戴设备，它们不仅拥有更高的分辨率、更低的延迟，还配备了更先进的传感器和追踪系统，能够提供更真实、更沉浸的感知体验。同时，轻便化设计也成为硬件发展的重要方向，使得 VR/AR 设备更加便于携带和长时间使用。

VR/AR 技术所构建的生态系统，包括各种应用、服务、平台和内容，决定了 VR/AR 技术的吸引力和应用价值。近年来，随着技术的发展和市场的推动，VR/AR 内容创作工具不断简化，降低了创作门槛，吸引了大量创作者和开发者涌入这个领域。从游戏娱乐到教育培训，从医疗健康到工业制造，VR/AR 技术所构建的生态系统正逐步拓展至各个行业和领域，为用户提供了丰富多样的应用场景和体验选择。

随着 VR/AR 技术的不断成熟和应用场景的深入挖掘，其应用领域日益广泛。在教育领域，VR/AR 技术能够为学生提供更加直观、生动的学习体验；在医疗领域，医生可以通过 VR/AR 技术模拟手术过程，提高手术成功率；在工业制造领域，VR/AR 技术可用于产品设计和生产线优化等环节。这些应用场景的拓展不仅提升了 VR/AR 技术的价值，也为其未来的发展提供了广阔的空间。

操作系统和软件是 VR/AR 技术的重要组成部分。目前，市场上已经出现了多个针对 VR/AR 设备的专用操作系统和软件开发平台。这些系统和平台提供了丰富的 API（应用程序编程接口）和 SDK（软件开发工具包），使得开发者能够更加便捷地开发和部署 VR/AR 应用。同时，随着技术的不断进步和市场需求的不断变化，操作系统和软件也在不断更新和完善。

随着技术的成熟和应用场景的拓展，VR/AR 技术的市场规模正在快速增长。预计未来几年，VR/AR 市场将保持高速增长的态势，并逐渐渗透到各个行业和领域。同时，随着技术的不断进步和用户体验的不断提升，VR/AR 技术将成为数字时代的重要组成部分，为人们带来更加丰富多彩的生活体验和工作方式。

5.1.1.6 新材料研发

随着科技的进步和人们对生活品质要求的提高，装饰材料行业也正经历着前所未有的变革。新材料、新技术的不断涌现，不仅丰富了装饰材料的种类，更在性能、美观性、环保性及功能性等方面实现了显著提升。

随着数字化技术的发展，新材料研发的速度和效率得到了显著提升。通过智能模拟、大数据分析等手段，可以快速筛选出具有优异环保性能的候选材料，并进行深入的试验验证和优化改进。这些新材料的应用将进一步推动装饰材料行业的创新发展。

通过 3D 建模、VR、AR 等技术手段，设计师能够精准模拟出装饰材料的实际效果，为客户提供更加直观、全面的设计方案。同时，这些技术还提高了设计效率，缩短了设计周期，降低了成本。

智能建筑材料是装饰材料领域的新兴趋势。这些材料能够感知环境变化，并根据预设条件自动调节其性能，如温度、光线、湿度等。如智能窗户能够根据室内外光线强度自动调节透光率；智能温控壁纸能根据室内温度变化自动调节颜色或散热性能；而智能照明系统能根据人的活动情况和时间自动调整光线的亮度和色温。

防火阻燃技术是保障装饰材料安全性的重要手段。随着技术的不断进步，防火阻燃材料在性能上得到了显著提升。这些材料能够在火灾发生时有效阻止火势蔓延和燃烧速度加快，为人员疏散和消防救援争取宝贵时间。同时，防火阻燃技术的应用也促进了装饰材料行业的规范化和标准化发展。

国际合作平台在装饰材料数字化中发挥着重要作用。通过搭建国际合作平台，可以促进各国在装饰材料研发、生产、使用及回收等方面的交流与合作。这些合作不仅有助于引进先进的技术和管理经验，还可以共同应对全球性的环保挑战。同时，国际合作平台还可以为装饰材料行业的企业提供拓展国际市场的机会和渠道。

5.1.1.7 参数化建模

通过预设一系列参数和规则，设计师可以灵活地调整设计方案的尺寸、形状、材质等属性，实现设计的精确控制和快速迭代。参数化建模不仅提高了设计的灵活性和效率，还促进了设计元素的标准化和模块化，为个性化定制提供了更多可能性。

参数化建模是一种建模方法，其核心在于将模型中的一些特定参数抽象出来，使得模型能够根据这些参数的不同值来产生不同的结果。这种方法广泛应用于工程设计、建筑设计、产品设计等多个领域，旨在提高模型的灵活性和可扩展性，使其能够适应不同的情况和需求。

在参数化建模中，参数用于表示模型中的一些重要属性或变量，这些参数可以是数值、布尔值、字符串等类型。通过改变这些参数的值，可以对模型进行调整和定制，以达到不同的设计目标和要求。参数化建模的核心在于模型元素之间的关系构建。通过定义参数之间的依赖关系，可以实现模型属性的自动更新和变化，从而提高设计效率。

（1）参数化建模的应用优势

参数化建模允许设计师通过修改参数值来快速调整模型的尺寸、形状和位置，而无须重新绘制整个模型。这种灵活性使得设计师能够轻松应对设计变更或客户需求的变化。参数化建模提供了一种探索不同设计方案的方法，设计师可以通过调整参数来快速生成多个设计方案，并评估每个方案的可行性和优缺点。

在参数化建模中，许多设计过程可以实现自动化，例如模型的自动更新、几何约束的自动检查和优化等（图 5-5）。这些自动化功能减轻了设计师的负担，提高了设计效率。通过使用参数化建模，设计师可以避免在设计过程中进行大量重复的手动操作，这有助于减少错误和提高设计质量。

图 5-5　参数化模型创建

参数化建模通过尺寸参数来约束模型的几何对象，确保了设计的精度和一致性。当设计师修改模型时，这些约束会自动更新相关的几何对象，避免了因手动调整而产生的误差。由于参数化建模中的尺寸和关系都通过参数和约束进行定义，因此设计过程中的错误可以得到有效减少。当参数或约束发生冲突时，系统会自动提示，并允许设计师进行调整和优化。

参数化建模可以显著提高设计速度。设计师只需调整几个关键参数即可快速生成满足要求的模型。参数化建模使得设计团队能够共享和重用设计元素。不同的设计师可以共同使用同一套参数化模型，并通过修改参数来适应各自的设计需求，这有助于促进团队协作和提高整体设计效率。

参数化建模支持通过增加或修改参数来扩展模型的功能和特性，这使得设计师可以根据不同的需求和场景来定制及优化模型。定义好的参数化模型可以在不同的项目中重复使用和共享，这有助于减少重复劳动和提高工作效率。

参数化建模在灵活性、自动化、设计精度、高效性以及可扩展性和可重用性等方面具有显著的应用优势，这些优势使得参数化建模成为现代工业设计和制造中不可或缺的工具之一。

（2）参数化建模实例

杭州奥体中心游泳馆（图 5-6）位于杭州奥体博览中心，北临钱塘

图 5-6 杭州奥体中心体育游泳馆

江，西临七甲河，是一座集合了体育馆、游泳馆、商业设施和停车设施等复杂内容的庞大综合体建筑，总建筑面积近 40 万平方米。该建筑形态独特，下部为设计形式内敛的大平台，上部为形态生动的非线性曲面，覆盖了体育馆和游泳馆两个主要功能空间。

① 形态生成。该建筑的非线性曲面通过长短轴连续变化的一系列剖面椭圆连缀放样而成，这种形态用传统手段难以完成设计、优化和输出，因此设计师引入了参数化手段。

借助参数化手段，设计师应用了一系列逻辑强烈的数学方式对网壳主体和各子体加以描述并确定其形态，实现了从造型到构造的精确控制。

② 结构划分与组织。曲面内的支撑结构与曲面外表皮分块相互对应，保持了内外一致。分格体系呈菱形网格状分布，使曲面成为巨大的网壳体。参数化手段有效划分和组织了网壳结构及内外表面，对空间构件进行了精确定位。

③ 设计与控制。参数化设计不仅限于形态生成，还深入围护结构构造、内外节点设计等方面。设计师通过参数化手段对围护结构构造和内外节点进行了精细设计和控制。同时，从实际加工角度对构件进行了逐次优化，确保了设计的可实施性。

④ BIM 设计。在建筑内部进行了 BIM 设计，使上部网壳围护结构的构造、空间结构、内外幕墙、雨水、采光、通风等系统与下部功能对应的各系统全部虚拟搭建起来。通过 BIM 平台的三维校核和调整，进一步提升了设计的准确性和可靠性。在 Revit 中，族是构成项目的基本单元。通过将数据内置在族类型中，可以直接驱动参数化设计。例如，在创建门窗族时，可以设定门窗的宽度、高度等参数，并通过修改这些参数的值来生成不同尺寸的门窗。

杭州奥体中心游泳馆的设计是一个典型的建筑设计参数化建模实例。通过参数化手段的应用，设计师成功实现了复杂形态的建筑设计和优化，提高了设计效率和质量，并促进了设计与施工之间的协调。

参数化建模是一种高效、灵活、精确的建模方法，对于提高设计效率、降低设计成本、优化设计方案等方面具有重要意义。随着 BIM 技术的不断发展和应用推广，参数化建模将在更多领域得到广泛应用和深入发展。

5.1.1.8 室内模块化设计

室内模块化设计作为当代建筑与设计领域的一项前沿技术，正逐步成为推动室内空间创新与优化的重要力量。随着人们对居住与工作环境品质要求的不断提升，模块化设计以其灵活性、高效性和可持续性等优势，逐渐受到业界的广泛关注和应用。当前，室内模块化设计在理论研究、技术应用和市场推广等方面均取得了显著进展，但仍面临着标准化不足、用户参与度低等挑战。

（1）理论基础与优势

室内模块化设计的理论基础主要源自模块化思维、系统论及建筑科学等多个领域。模块化思维强调将复杂系统分解为若干简单模块，通过模块的组合与重构实现系统的多样化和可变性。在室内设计中，这一理念被应用于空间划分、功能布局、材料选用等多个方面，形成了独特的模块化设计体系（图5-7）。模块化设计的优势在于提高设计效率、降低成本、增强空间适应性和促进资源循环利用等。

图 5-7　模块化设计体系

（2）模块化设计方法

模块化设计方法包括模块定义、模块划分、模块接口设计、模块组合规则制定等多个环节。

首先，需要根据设计目标和空间需求，明确模块的功能和尺寸；其次，通过合理的模块划分，将室内空间划分为若干独立且相互关联的模块单元；然后，设计模块之间的接口和连接方式，确保模块能够方便地进行组合和拆卸；最后，制定模块组合规则，指导设计师和用户如何根据实际需求选择并组合模块单元。

（3）实际案例应用

近年来，室内模块化设计在实际案例中的应用日益广泛。从居住空间到办公空间，从商业展示到教育设施，模块化设计以其独特的优势为各类室内空间带来了全新的设计思路和实践经验。例如，在居住空间设计中，模块化家具和墙体系统可以根据家庭成员的变化和居住需求进行灵活调整；在办公空间设计中，模块化隔断和家具系统能够快速提升办公环境的灵活性和舒适度。这些实际案例不仅验证了模块化设计的可行性和有效性，还为后续的研究和应用提供了宝贵的参考。

（4）标准化模块体系

标准化模块体系是室内模块化设计的重要基础。通过建立标准化的模块尺寸、接口和连接方式等规范，可以确保不同模块之间的兼容性和互换性，从而降低设计成本和施工难度。当前，国内外已有多家企业和研究机构致力于推动室内模块化设计的标准化工作，通过制定相关标准和规范，促进模块化设计技术的普及和应用。标准化模块体系的建立不仅有助于提升室内模块化设计的整体水平和市场竞争力，还有助于推动整个建筑与设计行业的可持续发展。

（5）模块选择与组合策略

模块选择方面，需要根据设计目标和空间需求选择合适的模块单元；在组合策略方面，需要遵循模块组合规则并考虑空间布局、功能流线、视觉效果等多个因素。通过合理的模块选择与组合策略，可以实现空间的有效利用和功能的最大化满足。在实际操作中，可以采用模拟试验、VR等技术手段进行模块组合效果的预览和调整，同时加强与用户的沟通和反馈机制，确保设计方案符合用户的期望和需求。

（6）创新性设计与探索

随着科技的不断进步和人们审美观念的不断变化，室内模块化设计也需要不断创新以适应新的市场需求和挑战。在创新性设计方面可以关注新材料、新技术、新工艺等方面的应用和发展；同时积极探索新的设计理念和方法，如生态设计、智能化设计等；通过跨学科合作和跨界融合等方式不断拓宽设计视野和思路。此外，还可以加强与国际同行的交流与合作，借鉴先进经验和技术，推动国内室内模块化设计水平的不断提升。

5.1.1.9 数字化色彩搭配

在数字化时代，色彩搭配已不再仅仅依赖传统艺术家的直觉与经验，而是融合了先进科技与审美理念的新兴领域。随着计算机图形学、人工智能、大数据分析等技术的飞速发展，数字化色彩搭配技术正逐步革新着设计、时尚、艺术、广告等多个行业的色彩应用方式。色彩数字化标准是色彩精准传达与交流的基础。目前，国际上广泛采用的色彩管理系统如ICC（国际色彩联盟）标准，为不同设备间色彩的统一呈现提供了解决方案。此外，随着高清显示技术和广色域技术的发展，新的色彩标准如HDR（高动态范围）和Wide Gamut（广色域）逐渐被应用于高端显示器和打印机等设备，进一步提升了色彩表现的精度和丰富度。

（1）智能配色技术

利用算法与 AI 分析海量色彩数据，快速生成符合特定设计需求和风格的配色方案。通过算法分析色彩组合规律，为设计师提供多种色彩搭配方案。这些技术不仅能够模仿大师级设计师的配色风格，还能根据用户输入的关键词、图片或色彩样本，自动推荐相关色彩搭配。AI 的加入，使得色彩搭配更加智能化、个性化，极大地提高了设计效率和质量。

（2）数字化测量工具

数字化测量工具是获取精确色彩信息的关键。从简单的光谱仪到高端的便携式色彩测量仪，这些工具能够快速捕捉物体表面的颜色数据，并将其转化为可编辑的数字色彩信息。这些数据可用于色彩分析、校正、管理等多个环节，确保色彩在不同媒介和设备间的一致性。

（3）色彩管理与控制

色彩管理与控制技术可确保从设计到输出的全过程中色彩信息的一致性和准确性。这包括色彩校准、色彩特性文件（Profile）制作、色彩转换等环节。通过专业的色彩管理软件，设计师可以在不同的软件、硬件平台上进行无缝的色彩沟通和协作，避免因设备差异导致的色彩偏差。

（4）数字化色彩搭配

数字化色彩搭配技术为色彩搭配提供了科学依据。传统的色彩论、色彩和谐理论等已被数字化，并融入新的配色理念和技术。同时，基于大数据分析的配色模型，能够深入挖掘色彩流行趋势、用户偏好等信息，为设计提供更加精准、时尚的配色建议。

数字化色彩搭配技术已广泛应用于服装设计、室内设计、UI/UX 设计、广告设计等多个领域。从个性化的品牌色彩识别系统到大规模的数字化生产线，这些技术为不同行业和场景下的色彩应用提供了强大支持。

色彩不仅具有物理属性，还承载着丰富的情感和心理内涵。数字化色彩搭配技术关注色彩如何影响人的感知、情绪和行为。通过色彩心理学研究，结合大数据分析，可以揭示色彩与人类情感之间的复杂关系，结合色彩心理学理论，分析不同色彩对情绪与空间感的影响，为设计提供更加深入人心的色彩解决方案。

随着技术的不断进步，数字化色彩搭配技术将继续优化和完善。未来，会产生更加智能化、个性化的色彩搭配方案生成工具；更加精确、高效的色彩测量与管理系统；以及更加深入、广泛的色彩心理与感知研究。同时，跨领域的合作与融合也将为数字化色彩搭配带来无限可能，推动其在更多行业和场景中的应用与发展。

5.1.2 数字化室内设计的发展方向和趋势

随着科技的飞速进步，室内设计行业正经历着前所未有的变革。数字化室内设计作为这个变革的核心驱动力，正引领着室内设计迈向一个更加智能化、个性化、绿色且充满无限可能的未来。数字化技术的广泛应用，不仅极大地提高了设计效率，更为室内设计的创新性发展开辟了广阔的空间。

5.1.2.1 智能化设计

随着人工智能、物联网等技术的不断进步，智能家居系统将更加智能化。未来的室内设计将更加注重智能设备的集成与应用，如智能照明、智能温控、智能安防等，这些设备能够根据用户的习惯和需求自动调节，为用户提供更加舒适、便捷的生活体验。智能化设计不仅能够提升居住品质，还能有效降低能源消耗，实现节能减排。

（1）全面智能化转型

随着科技的飞速发展，全面智能化转型已成为推动社会进步与产业升级的核心动力。这种转型不是局限于某一特定行业或领域，而是渗透到社会生活的方方面面，从产品设计到服务提供，从生产制造到城市管理，全面覆盖，构建起一个高度智能化、互联互通的未来社会。

全面智能化转型的核心在于将 AI 技术深度融入各个行业与场景，实现从产品制造到市场服务的全链条智能化。随着 AI 技术在概念设计、工程计算、施工图绘制及工程预算等环节的深入应用，智能化设计将贯穿于产品生命周期的每一个环节，推动建造业向高端化、智能化方向发展。

（2）促进可持续发展

在全面智能化转型的过程中，环保与节能成为不可忽视的重要议题。智能化设计通过精准控制生产流程、优化产品结构、提高资源利用效率等手段，有效降低了能源消耗与环境污染，为实现可持续发展目标贡献力量。同时，智能化技术还能助力企业实现绿色生产与循环经济，推动社会经济向更加环保、低碳的方向发展。

（3）构建智能生态体系

全面智能化转型还将促进不同行业、不同领域之间的跨界融合与协同创新，构建开放、共享、协同的智能生态体系。在这个生态体系中，各个主体通过智能化技术实现互联互通、资源共享与优势互补，共同推动社会经济的全面发展。同时，智能生态体系的构建还将催生出一系列新兴业态与商业模式，为经济增长注入新的活力与动力。

（4）提升人类生活质量

智能化设计的最终目标在于服务人类，提升人类的生活质量与幸福感。通过深入理解人类需求与行为模式，智能化技术能够创造出更加人性化、便捷化的产品与服务。例如，智能家居系统的普及让人们的生活更加舒适、便捷，智能医疗技术的发展则为人们的健康保驾护航。未来，随着智能化技术的不断进步，人类将享受到更多由智能化带来的便利与福祉。

（5）AI 算法优化

智能化设计技术，其核心驱动力在于多项关键技术的融合与创新，包括 AI 算法优化、云计算与边缘计算的深度融合、物联网技术的深化应用，以及 VR 与 AR 技术的突破性进展。

AI 算法优化为智能化设计奠定了坚实的基础。随着深度学习、强化学习等先进 AI 算法在图像识别、自然语言处理等领域取得了显著成就，这些技术不仅极大地提升了数据处理与分析的精度与效率，还为设计过程带来了前所未有的智能化水平。例如，在图像设计领域，AI 算法能够自动分析用户偏好与市场需求，快速生成符合要求的设计方案，大幅缩短了设计周期，提高了设计质量。

（6）AI 辅助设计

AI 辅助设计是一个迅速发展的实践领域，它通过使用人工智能技术（例如生成式 AI、机器学习、计算机视觉等）来优化或自动化设计流程。其核心在于通过智能技术的运用，大幅提升设计工作的效率，同时激发设计师的创意潜能，并实现高度个性化的输出。

在 AI 辅助设计的框架下，设计师可以利用先进的算法和模型快速生成设计方案，大大缩短了设计周期。与此同时，这些智能技术还能够通过分析和学习大量的设计数据，帮助设计师发现新的设计趋势和灵感，从而激发更多创新性的设计思路。

此外，AI 辅助设计还具备强大的个性化定制能力。借助机器学习和数据分析技术，AI 系统可以根据用户的具体需求和偏好，自动调整设计参数和风格，生成符合用户期望的个性化设计作品。这种能力使得设计变得更加灵活和多样化，满足了不同用户对于独特性和定制化的需求。

AI 技术在室内设计领域构建了"技术工具 – 流程重构 – 价值创造"三维框架，通过实证分析揭示了 AI 辅助设计的增效机理与创新路径。研究表明，AI 技术可提升 40%~60% 的设计效率，同时能拓展传统设计的创意边界。

① AI 辅助设计生成与灵感激发。

a. 智能方案生成。用户只需上传一张简洁无杂物的房间照片，借助 AI 智能方案生成系统，就能轻松实现个性化家居设计。用户可以通过自然语言描述自己的需求，例如"北欧风格 + 三只猫的活动空间 + 隐形收纳设计"，AI 系统将根据这些具体需求自动生成多个版本的布局方案。这些方案不仅满足了用户的个性化需求，而且设计合理、美观大方。用户可以在 2D 和 3D 两种预览模式下自由选择，以更直观地感受不同方案带来的家居效果。无需具备任何专业技能，普通人也能轻松完成基础设计，让家居设计变得更加简单、快捷和有趣。

b. 创意重启工具。设计师们遭遇灵感瓶颈，难以找到突破点时，只需轻轻输入风格关键词（例如充满魅力的"复古工业风混搭自然光"）便能触发一场创意革命。此时，AI 便会迅速调动其强大的处理能力，基于海量、丰富的案例库，精心生成一系列创新、独特的组合方案。这些方案不仅令人耳目一新，还能激发新的设计灵感，提升设计作品的新颖度和独特性。更能有效地辅助设计师们突破原有的思维定式，开启全新的设计篇章。

② 可视化技术革新。

a. 效果图动态生成。在 SketchUp、3DS MAX 等专业设计软件中导入空间模型后，AI 系统能够自动匹配材质、光照参数，生成逼真的渲染图。这一过程从过去的小时级缩短至现在的分钟级，大大提高了设计效率。此外，AI 还能实现超现实合成，将混合现实场景与 CG 元素（如室内瀑布、悬浮岛屿等超乎想象的创意元素）无缝融合。AI 智能系统会自动校正物理逻辑，包括水雾的反射轨迹、光线的折射角度等细节，确保所有元素在视觉与逻辑上都保持高度一致，完美融合，同时自动校正物理逻辑（如水雾反射轨迹），让设计作品更加奇幻、富有创意。

b. 局部精准编辑。使用"AI 万物迁移"功能，在进行室内或室外场景设计时，设计师常常需要对特定区域进行局部调整，如替换掉过时的家具（如旧沙发）以匹配整体设计风格。此时，使用"AI万物迁移"功能，只需简单框选出需要替换的家具区域，并上传目标替换物件的高清图片，AI系统便能智能识别并保持背景环境不变，仅精准替换选定对象。通过尺寸自适应调整，替换后的物件在比例、透视等方面与原场景完美契合，无需烦琐的手动调整，即可实现高效、精准的局部编辑，替换后的家具与整体设计风格也保持协调一致。

③ 个性化优化与决策支持。

a. 智能色彩搭配。AI系统能够分析色彩心理学及流行趋势，根据用户输入的抽象需求（如"温馨治愈""高级感"等），输出完整的配色方案。这些方案不仅涵盖墙面、软装等元素的色彩搭配，还包括灯光色温的选择，使整体设计更加和谐、统一。

b. 材料与能耗优化。AI系统能够根据空间功能（如厨房高频使用区）推荐防污耐磨材料，并对比价格、环保性等因素，为用户提供最佳材料选择方案。同时，结合气候数据计算最佳窗位尺寸，优化自然采光与通风效果，降低能耗，实现绿色、环保的设计理念。

④ 专业设计赋能场景。

a. 客户需求快速落地。设计师只需输入模糊需求（如"年轻夫妇+开放式书房+猫友好"），AI系统便能生成10+套设计方案供客户选择。这不仅减少了沟通成本，还能提高客户满意度和忠诚度。

b. 家具融合设计。让软装设计更加得心应手。软装设计师只需上传现有家具的照片，AI系统便会立即启动，基于物品的风格补全整个空间设计。

具体而言，AI系统会根据家具的款式、颜色、材质等元素，智能分析并推荐与之相匹配的定制柜配色与布局方案。无论是现代简约风格、田园风格、中式古典风格还是欧式奢华风格，AI都能精准捕捉家具的风格特点，为您量身打造一个和谐统一、美观大方的家居空间。

这一过程不仅极大地节省了设计师的时间和精力，更确保了设计方案的准确性和实用性。让设计师在软装设计的道路上更加游刃有余，轻松打造出理想的家居环境。

⑤ 全过程闭环设计应用。

不同阶段AI辅助设计功能和效果

阶段	AI功能	案例效果
设计前	空间扫描+需求语义分析	房屋改造周期可缩短70%
设计中	实时渲染+多方案A/B测试	客户确认效率提升50%
施工落地	生成购物清单+电商直连	一键下单匹配设计图的建材
售后维护	AI预测家居设备故障	提前预警水电系统风险

5.1.2.2 个性化定制

个性化定制是指根据消费者需求，结合其特定的偏好、风格、功能需求等因素，量身定制产品或服务。这种定制方式不仅能够充分满足消费者的个性化需求，还能提升产品或服务的整体品质和满意度。随着消费者个性化需求的不断提升，室内设计将更加注重满足用户的独特需求和审美偏好。数字化设计工具如 3D 建模、VR、AR 等技术的普及，使得设计师能够更加直观地呈现设计方案，与客户进行深度沟通和互动，从而实现更加精准的个性化定制。此外，基于大数据和人工智能技术，设计师还能根据用户的喜好和习惯，提供更加智能化的设计方案推荐。

个性化定制的持续升温，是市场细分与消费者需求多元化的直接体现。随着生活品质的提升，消费者对空间环境的要求不再局限于基本的功能性满足，而是更加注重个性化与情感共鸣。这种趋势促使设计师不断挖掘客户的深层次需求，通过独特的设计理念与创意手法，打造具有鲜明个性与情感色彩的空间环境。

（1）市场需求的持续增长

近年来，随着生活水平的提高和消费观念的转变，消费者对个性化、差异化产品和服务的需求日益增长。特别是在服装、家居等领域，消费者越来越注重产品的独特性、设计感和与自身风格的契合度。根据市场调研数据，全球及中国的个性化定制市场规模持续扩大，预计未来几年将保持稳定增长态势。

（2）技术进步的推动

互联网、大数据、AI 等技术的快速发展为个性化定制提供了有力支持。企业可以利用这些技术收集和分析消费者数据，更准确地把握消费者需求，实现精准营销和定制化生产。例如，3D 打印技术、虚拟试衣系统等先进技术的应用使得消费者可以更加便捷地参与到定制过程中，实现更加精准的尺寸和款式定制。

（3）产品种类的不断扩展

目前个性化定制已经从最初的单一产品扩展到多个领域和品类。无论是服装、鞋帽、配饰等穿戴类产品，还是家具、家电、装修等家居类产品，甚至是汽车、珠宝等高端消费品，都逐渐实现了个性化定制。随着消费者需求的多样化，个性化定制的产品种类还将继续扩展，以满足不同消费群体的需求。

（4）服务模式的创新

企业在提供个性化定制服务时，不断创新服务模式以提升消费者体验。例如，线上和线下融合发展的模式使得消费者可以通过线上平台了解产品信息、参与定制过程，并在线下实体店进行体验和服务。此外，一些企业还通过跨界合作、延伸新品类等方式加大市场布局，提升品牌影响力和扩大市场份额。

① 深度定制服务。随着消费者对个性化的追求，未来室内设计将提供更加深度的定制服务，包括空间布局、材质选择、家具样式、装饰品搭配等全方位个性化定制。

② 用户参与设计。通过 VR、AR 等技术，让用户直接参与到设计过程中，实现"所见即所得"的个性化体验。

个性化定制作为一种满足消费者独特需求的服务模式，在多个行业中均展现出强劲的发展趋势。未来，在技术进步、市场需求增长和服务模式创新等因素的推动下，个性化定制行业将继续保持稳健增长态势并迎来更加广阔的发展空间。

5.1.2.3 绿色环保设计

随着全球环境保护意识的增强，室内设计师将更加注重环保材料的使用和节能设计的实施。数字化设计工具可以帮助设计师更好地模拟和分析室内环境的光照、通风、温度等条件，从而制定出更加环保、节能的设计方案。同时，数字化室内设计还能促进建筑废弃物的减少和资源的循环利用，为可持续发展做出贡献。

环保意识的提升将推动绿色建材的普及应用，设计师将更加注重材料的可持续性、可再生性和低环境影响。通过智能化设计提高室内空间的能源利用效率，如采用高效节能的照明系统、太阳能热水系统、智能温控系统等。

5.1.2.4 数字化技术应用

随着科技的不断进步和建筑行业的数字化转型，BIM 技术在室内设计领域的应用前景日益广阔。BIM 技术正深刻改变着室内设计的传统模式。BIM 作为一种集成化的项目交付方式，通过创建包含丰富建筑信息的数字模型，为室内设计师、建筑师、工程师及业主等各方提供了前所未有的协作平台。BIM 技术以其强大的 3D 建模、信息集成、仿真分析和协同工作能力，为室内设计的全过程提供了高效、精准和智能的支持。

（1）设计模拟与规划

BIM 技术允许设计师在设计初期就进行高度精细化的模拟与规划。通过构建室内空间的初步模型，设计师可以直观地看到设计方案的空间布局、尺寸比例、色彩搭配等效果，从而进行快速调整和优化。此外，BIM 还支持多方案比选，帮助设计师在多个设计思路之间灵活切换，找到最优解。

（2）3D 模型构建与展示

BIM 技术的核心在于其强大的 3D 建模能力。利用 BIM 软件，设计师可以轻松创建高精度的室内空间 3D 模型，包括家具、装饰品、电气管线等所有细节。这些模型不仅具有高度的视觉真实性，还包含了丰富的建筑信息，如尺寸、材料、性能参数等。通过 BIM 平台进行模型展示，可以使业主和施工方更直观地理解设计意图，提高沟通效率。

（3）碰撞检测与优化

在室内设计过程中，设备管线布置、家具摆放等环节容易发生空间冲突。BIM 技术通过内置的碰撞检测功能，能够自动识别模型中潜在的碰撞问题，并以可视化方式呈现给设计师。设计师可以根据检测结果迅速调整设计方案，避免施工阶段的返工和浪费，确保室内空间的布局合理性和功能性。

（4）材料与光照模拟

BIM 技术还提供了材料与光照模拟功能。设计师可以在模型中选择不同的材料纹理和颜色，通过实时渲染技术预览室内空间的视觉效果。同时，BIM 还可以模拟自然光和人工光源对室内环境的影响，帮助设计师优化照明设计方案，创造舒适宜人的居住或工作环境。

（5）工程量统计与预算

基于 BIM 模型的精确性，设计师可以快速准确地统计出室内装修所需的各项工程量，包括材料用量、人工工时等。这些数据是编制预算的重要依据，能够帮助业主和设计师有效控制项目成本。此外，BIM 还支持根据设计方案的变化自动更新工程量统计结果，确保预算的准确性和时效性。

（6）施工指导与协同

BIM 模型不仅是设计成果的展示工具，更是施工阶段的指导依据。施工团队可以利用 BIM 模型进行三维交底和施工技术指导，确保施工过程中的每个细节都符合设计要求。同时，BIM 平台支持多专业协同工作，不同专业的设计师和施工方可以在同一模型上进行编辑和标注，实现信息的实时共享和无缝对接。

（7）运维管理与维护

BIM 模型在完成室内设计和施工后，仍具有重要的应用价值。它可以作为运维管理的数据库，记录室内空间的所有建筑信息和使用情况。在运维阶段，管理人员可以通过 BIM 模型快速定位问题区域、查询设备信息、制订维修计划等，提高运维管理的效率和准确性。此外，BIM 还支持对室内空间进行长期监测和数据分析，为后续的改造升级提供数据支持。

BIM 技术在数字化室内设计中的应用极大地提升了设计的效率和质量，降低了项目成本，提高了施工和运维管理水平。随着 BIM 技术的不断发展和普及，它将成为未来室内设计领域不可或缺的重要工具。BIM 技术在未来室内设计中的应用将越来越广泛和深入。随着技术的不断进步和应用场景的不断拓展，BIM 将成为室内设计领域不可或缺的重要工具，推动室内设计行业向更加高效、智能和可持续的方向发展。

5.1.2.5 国际化与多元化

在室内设计领域，数字化技术的飞速发展正深刻改变着行业的面貌，成为推动行业变革的核心力量。随着 3D 建模、VR、AR 等先进技术的应用日益普及，设计过程跃然于屏幕之上，呈现出高度逼真、交互性强的三维场景。这种直观高效的设计手段不仅大幅提升了设计效率与精度，还为设计师与客户的沟通搭建了无缝桥梁，促进了设计理念的精准传达与即时反馈。同时，数字化技术还为国际化合作创造了前所未有的便利条件，设计师能够跨越地理界限，实时共享设计资源与创意灵感，共同推动全球室内设计行业的创新发展。

① 设计理念的国际化融合。在全球化的背景下，不同国家和地区的设计文化与风格相互碰撞、交融，形成了丰富多彩、兼容并蓄的设计生态。设计师在深耕本土设计传统的同时，也积极拥抱国际先进的设计理念与技法，通过跨界合作、学术交流等方式，不断拓宽视野、丰富内涵。这种国际化设计理念的融合，不仅促进了设计创新，也满足了市场对于多元化、高品质设计作品的迫切需求。设计师巧妙地将地域特色与国际潮流相结合，创造出既具有文化底蕴又符合时代审美的优秀设计作品。

② 市场需求的变化。市场需求的变化推动了室内设计行业的持续发展。从基本的居住功能到更高层次的情感寄托与个性化表达，消费者对室内设计的期待越发多样化和精细化。国际化融合成为满足市场需求的重要途径之一，通过借鉴国际先进经验和技术手段，设计师能够更好地把握设计潮流趋势，为消费者提供更具前瞻性和创新性的设计解决方案。同时，这也促使室内设计行业不断提升自身竞争力和影响力，为行业的长远发展奠定坚实基础。

③ 文化融合与理念碰撞。在全球化的浪潮下，跨文化交流成为推动室内设计行业创新发展的重要动力。这个过程不仅促进了不同文化元素在设计中的深度融合，还引发了设计理念的激烈碰撞，共同塑造了室内设计的新风貌。

a. 文化元素融合。室内设计作为文化的载体，其创作过程往往伴随着对特定文化元素的提取与运用。跨文化交流为设计师提供了更为广阔的素材库，使他们能够跨越地域界限，汲取世界各地的文化精髓。例如，在现代家居设计中，中式古典元素的融入不仅赋予了空间独特的韵味，还满足了人们对传统文化的情感寄托。同样，西方简约风格的引入，进一步丰富了室内设计的语言，使其在满足功能需求的基础上，更加注重空间的通透感与层次感。这种文化元素的融合，不仅丰富了设计的内涵，也满足了客户对文化多样性的追求，使得室内空间成为连接不同文化的桥梁。

b. 设计理念碰撞。跨文化交流不仅带来了设计元素的丰富，更促进了设计理念的碰撞与交流。不同文化背景下的设计师，往往拥有独特的审美视角与思维方式。当这些设计理念相互碰撞时，便会产生新的灵感火花，推动设计的创新与突破。例如，一些设计师在融合东西方设计理念的过程中，尝试将传统工艺与现代技术相结合，创造出既具有文化底蕴又不失现代感的设计作品。这种跨文化的设计理念碰撞，不仅拓宽了设计师的视野，也打破了传统设计的束缚，使得设计作品更加具有创新性和独特性。

④ 客户需求变化。随着国际交流的日益频繁，客户对室内设计的期待也发生了变化。他们不再满足于单一的文化背景或设计风格，而是更加关注设计的国际化与多元化。这种变化促使设计师在创作过程中更加注重对国际流行趋势的把握与运用，同时也不断探索符合当地文化特色的设计路径。通过跨文化交流，设计师能够更准确地把握客户的需求变化，为客户提供更加符合其审美与功能需求的设计方案。这种以客户需求为导向的设计思路，不仅提升了设计的市场竞争力，也促进了室内设计行业的健康发展。

未来数字化室内设计正朝着智能化、个性化、绿色化等多方向发展。这个趋势注重国际化与多元化，结合技术创新与融合，致力于提升服务品质和用户体验。这个趋势不仅推动了室内设计行业的转型升级，更深刻地改变了人们的生活方式。

5.2 数字化智能家居系统

数字化智能家居系统是指利用现代信息技术，将家庭中的各种设备、系统和服务通过网络连接成一个统一的整体，实现设备的智能化识别、远程监控与管理，以及家居环境的自适应调节的智能化系统。

5.2.1 数字化智能家居控制技术及应用

数字化智能家居控制技术及应用是现代科技在家庭生活中的重要体现，它利用物联网、云计算、大数据等先进技术，将家居设备、系统和服务进行智能化集成，实现家居环境的舒适、安全、节能和便捷。

5.2.1.1 数字化智能家居控制技术

（1）物联网技术

物联网技术是通过无线通信技术将各种家居设备（如智能灯光、智能安防、智能家电等）连接起来，实现设备间的信息交换与协同工作，并形成一个智能化的生态系统。用户可以通过智能手机、平板电脑等终端设备，远程控制家中的灯光、空调、安防系统等设备。物联网技术不仅提高了家居设备的互联性，还实现了设备之间的信息交换和协同工作，极大地提升了生活的便捷性。物联网技术的应用使得家居设备能够实时响应用户的指令，实现远程控制和智能化管理。

（2）云计算与大数据

云计算提供强大的数据处理和存储能力，大数据技术则帮助系统对海量数据进行实时分析和处理，以优化服务质量和用户体验。通过云计算，智能家居设备可以实时处理大量数据，提供更加精准和高效的服务。例如，智能安防系统可以实时分析监控视频，及时发现并报警异常情况，确保家庭安全。云计算和大数据技术为数字化智能家居系统提供了强大的数据处理和存储能力。通过将海量数据上传至云端，系统能够进行实时分析和处理，为用户提供更加精准和高效的服务。同时，大数据技术还能帮助系统不断优化算法，提升服务质量和用户体验。

（3）AI 技术

AI 在智能家居中的应用日益广泛，包括语音识别、自然语言处理、机器学习等技术。这些技术使得智能家居系统能够更加智能地理解用户的需求和习惯，提供更加精准和便捷的服务。

AI 和机器学习技术在智能家居中发挥着重要作用。通过机器学习和数据分析，智能家居设备能够自我学习和优化，从而更好地理解和预测用户的行为模式，提供更加个性化的服务。例如，智能温控系统可以根据用户的生活习惯自动调节室温，智能安防系统则能通过人脸识别技术自动识别家庭成员和陌生人。AI 和机器学习技术为数字化智能家居系统注入了智慧，通过不断学习和分析用户的行为模式与偏好，系统能够自动调整家居环境，提供更加个性化的服务。

（4）语音识别技术

语音识别技术使得用户可以通过语音命令控制智能家居设备，极大地提升了使用的便捷性。常见的语音助手如亚马逊的 Alexa、谷歌的 Assistant 和苹果的 Siri，可以实现对智能家居设备的语音控制，如调节灯光亮度、播放音乐、设置提醒等。这一技术使得智能家居设备的使用更加简单直观，用户无须动手操作即可完成任务。语音识别与自然语言处理技术的成熟，使得用户可以通过语音指令与数字化智能家居系统进行交互。这一技术的应用，不仅提高了用户的使用体验，还降低了操作门槛，使得老年人和儿童也能轻松享受智能家居带来的便利。

（5）系统集成与联动控制

数字化智能家居控制技术还强调系统集成和联动控制。通过统一的控制平台或 App，用户可以对家中的各种设备进行集中控制和联动控制，实现场景模式的预设和一键切换，如离家模式、回家模式、观影模式等。智能控制终端是用户与数字化智能家居系统交互的桥梁。用户可以通过智能手机、平板电脑、智能音箱等设备，轻松实现对家中设备的远程控制和智能化管理。智能控制终端的便捷性和易用性，使得数字化智能家居系统更加贴近用户的生活需求。

5.2.1.2 数字化智能家居控制技术的应用

数字化智能家居系统是现代科技与家居生活深度融合的产物，它通过数字化技术、物联网、AI 等先进技术，将传统家居设备升级为智能化、自动化的系统，从而提升居住的便捷性、舒适度、安全性和节能性。

（1）智能照明

智能照明控制技术是一种利用先进的信息技术、通信技术和控制技术，对照明设备进行智能化管理和调控的技术。它不仅仅是对灯具的简单开关控制，而是通过一系列传感器、智能控制器、通信网络和人机交互界面等组成的系统，实现对照明环境的全面感知、智能分析和动态调节。

① 自动化控制。通过预设的程序或根据环境参数（如光照强度、时间、人员活动情况等）自动调整，智能照明控制系统能够根据环境条件（如光线强弱、温度、湿度等）和用户需求，自动调节照明设备的开关、亮度、色温等参数，实现智能化的照明效果。这种调节能力有助于节能降耗，提高照明舒适度，无须人工干预。

② 场景化设置。可以根据不同的使用场景和需求，预设多种照明模式（如会议模式、阅读模式、休闲模式等），一键切换至所需的照明环境。智能照明控制系统支持定时和情景模式设置。用户可以根据自己的习惯和需求，预设不同的照明模式（如会议模式、阅读模式、休闲模式等）、照明强度和氛围（如清晨的柔和光线、晚上的舒适氛围等）。这些预设模式可以一键切换至所需的照明环境，为用户带来更加便捷、智能的生活体验。

③ 节能降耗。通过智能调节照明设备的参数，自动调节灯光亮度和色温，避免过度照明和不必要的电能浪费，实现节能降耗的目标。同时，还可以利用传感器检测室内无人时自动关闭照明设备，进一步减少能耗。避免不必要的电能浪费，有效降低能耗。据统计，智能照明控制系统的节电率可达 20% ~ 40%。通过降低灯具的工作电压和避免频繁开关等操作，智能照明控制技术能够显著延长灯具的使用寿命。

④ 远程监控与管理。用户可以通过智能手机、平板电脑等终端设备，随时随地远程监控

和管理照明系统，远程控制照明设备的开关、亮度、色温等参数，包括查看照明设备的状态、调整照明参数、接收故障报警等。这种远程控制能力使得用户即使不在现场，也能随时对照明系统进行监控和调节。

⑤ 智能联动。智能照明控制系统通常配备有各种传感器（如光线传感器、人体红外传感器等），能够实时监测环境变化并做出相应反应。实现全屋智能化控制，提高生活的便捷性和舒适度。此外，智能照明控制技术还可以与其他智能家居系统（如安防系统、温控系统等）进行联动控制，提升整体智能化水平。

⑥ 个性化定制。根据用户的个人喜好和需求，提供个性化的照明解决方案，满足不同用户的照明需求。随着科技的不断进步和人们对生活品质要求的不断提高，智能照明的个性化定制将在未来发挥更加重要的作用。

智能照明控制技术可广泛应用于各种场所，包括家庭、办公室、商业综合体、公共设施等。它不仅提高了照明效果和舒适度，还降低了能耗和维护成本，是现代照明领域的重要发展方向。随着物联网、大数据、AI 等技术的不断发展，智能照明控制技术将更加智能化、便捷化和个性化。此外，随着物联网技术的不断发展，智能照明控制系统还将与智慧城市、智慧社区等更大范围的系统进行联动，实现更加智能化的城市管理和服务。

（2）家电智能控制

家电智能控制技术可以通过智能化控制设备对家庭中的各种电器设备进行远程控制和管理，随时随地对家电进行开关、调节等操作，提高生活的便捷性。

① 智能温控与调节。随着科技的飞速发展，智能温控与调节系统在各个领域的应用日益广泛，从家庭居住到工业生产，从商业建筑到农业温室，其精准、高效、节能的特点极大地提升了人们的生活品质和工作效率。

智能温控与调节技术能够实现对室内温度、湿度等环境因素的智能控制。通过智能空调、智能暖气等设备，根据室内温度和湿度自动调节设备的运行状态，达到节能环保和舒适度的平衡。

② 温度设定与调整。智能温控与调节系统的首要功能是允许用户根据实际需求设定目标温度。通过触摸屏、手机 App 或远程控制系统，用户可以轻松设定室内温度范围，并在需要时进行调整。系统支持多时段、多场景的温度预设，如白天工作模式与夜晚睡眠模式的自动切换，满足不同时间段的使用需求。

③ 提前量设置。提前量设置是基于预测算法的智能温控功能，能够提前预测环境温度变化趋势，并据此提前启动或调整加热/制冷设备。例如，在夏季，系统可能会在预计的高温时段之前自动开启空调，确保室内温度始终保持在舒适范围内，减少了温度变化对人体的直接冲击，提高了居住的舒适度。

④ 时间比例设置。时间比例设置（也称为占空比控制）是一种通过调整设备工作时间与休息时间的比例来控制环境温度的方法。这种设置有助于在达到温度控制目标的同时，实现能源的节约利用。通过精确计算和调整时间比例，可以在保证舒适度的同时，最大限度地降

低能耗。

⑤ 误差修正。智能温控与调节系统具备自动误差修正功能。通过内置的高精度传感器和先进的算法，系统能够实时监测环境温度与设定值之间的差异，并自动调整控制参数以减小误差。这种自我学习和修正的能力，使得系统能够更加精准地控制环境温度，满足用户的精细化需求。

⑥ 智能控制参数设置。智能控制参数设置允许用户或专业人士根据具体应用场景调整控制策略的参数，如 PID（比例 – 积分 – 微分）控制器的各项参数。这些参数的优化可以进一步提升系统的响应速度、稳定性和准确性，满足不同环境条件下的温控需求。

⑦ 异常检测与处理。智能温控与调节系统具备完善的异常检测与处理机制。系统能够实时监测设备的运行状态和环境条件，一旦发现异常（如设备故障、传感器失效、环境温度异常升高等），将立即发出警报并采取相应的处理措施，如自动切换到备用设备、调整控制策略或关闭系统，以确保系统的安全稳定运行。

⑧ 节能环保与舒适度管理。节能环保与舒适度管理是智能温控与调节系统的重要目标。系统通过综合运用上述各项功能，如精准的温度控制、合理的回差设置、优化的时间比例控制等，实现了能源的有效利用和浪费的减少。同时，通过提供个性化的舒适度管理方案，如智能调节室内湿度、风速等参数，进一步提升了用户的居住和工作体验。

智能温控与调节系统凭借其全面的功能和卓越的性能，正在成为现代生活中不可或缺的一部分。未来，随着技术的不断进步和应用的持续深化，智能温控与调节系统将为人类创造更加舒适、便捷、节能的生活环境。

（3）安防监控与报警

安防监控与报警是智能家居系统中的重要安全保障措施。通过安装摄像头、烟雾报警器、门窗传感器等设备，实现对家庭安全的实时监控和报警。一旦发生异常情况，系统会及时发出警报并采取相应措施，确保家庭成员的安全。随着科技的进步和社会安全意识的提升，室内安防监控与报警系统已成为现代建筑不可或缺的一部分。这些系统通过集成多种技术手段，为居民、企业和机构提供了全方位、多层次的安全保障。

① 视频监控系统。视频监控系统是室内安防的核心组成部分，通过安装高清摄像头，实现对室内区域的 24h 不间断监控。系统支持远程查看、录像回放、移动侦测等功能，能够及时发现并记录异常情况，为事后调查提供有力证据。同时，智能视频分析技术的应用，使得系统能够自动识别并报警特定事件，如人员闯入、物品丢失等。

② 报警系统。报警系统作为安防监控的补充，能够在检测到异常情况时立即发出警报，提醒相关人员注意并采取应对措施。报警系统通常包括烟雾探测器、红外探测器、紧急按钮等多种设备，能够覆盖火灾、入侵、紧急求助等多种场景。系统支持声光报警、短信通知、电话呼叫等多种报警方式，确保信息能够及时传达给相关人员。

③ 门禁系统。门禁系统通过控制进出通道的权限，实现对室内区域的有效管理。系统支持密码、指纹、面部识别等多种身份验证方式，确保只有授权人员才能进入特定区域。同时，

门禁系统还能记录进出人员的详细信息，为安全管理提供数据支持。在紧急情况下，门禁系统还能与报警系统联动，自动开启或关闭特定区域的门禁，以应对突发事件。

④ 智能分析。智能分析技术是现代安防监控的重要发展方向。通过运用 AI、大数据等先进技术，系统能够自动分析监控视频中的图像和声音信息，识别出异常行为或事件，并发出预警。智能分析技术的应用，不仅提高了安防监控的效率和准确性，还减轻了人工监控的负担。

⑤ 远程控制。远程控制功能使得用户能够随时随地通过手机、计算机等终端设备，对安防监控系统进行远程操作和管理。用户可以查看实时视频、调整监控角度、设置报警参数等，实现对室内安全的全面掌控。在出差、旅行等无法亲自到场的情况下，远程控制功能为用户提供了极大的便利。

⑥ 数据备份。数据备份是保障安防监控系统稳定运行的重要措施。系统应定期对监控视频、报警记录等重要数据进行备份，以防止数据丢失或损坏。同时，备份数据应存储在安全可靠的位置，并定期进行恢复测试，以确保在需要时能够迅速恢复数据。

室内安防监控与报警系统通过集成视频监控系统、报警系统、门禁系统等多种技术手段，并结合智能分析、远程控制、数据备份、应急预案、培训与宣传等配套措施，为居民、企业和机构提供了全方位、多层次的安全保障。随着技术的不断进步和应用场景的不断拓展，室内安防监控与报警系统将在未来发挥更加重要的作用。

（4）环境监测与管理

智能家居环境监测与管理技术通过各类传感器和监测设备，实时收集家庭环境数据，如空气质量、噪声水平等，并进行智能分析和处理。基于这些数据，智能家居系统可以提供健康建议，自动调节环境参数，从而营造更健康的居家环境。

① 环境数据采集。智能家居环境监测的首要任务是数据采集。通过部署在家中的各类传感器，如温湿度传感器、空气质量传感器、噪声传感器等，实时收集家庭环境中的各项数据。这些数据是后续处理与分析的基础，对于确保环境调控的准确性和有效性至关重要。

② 数据处理与分析。采集到的环境数据需要经过处理与分析，才能转化为有价值的信息。智能家居系统运用大数据分析技术，对收集到的数据进行清洗、整合、挖掘等操作，识别出环境变化的规律和趋势。通过智能算法，系统能够预测未来环境状态，为智能调控提供科学依据。

③ 智能调控策略。基于数据处理与分析的结果，智能家居系统能够自动制定并执行智能调控策略。例如，根据室内温湿度和空气质量情况，自动调节空调、新风系统、加湿器等设备的工作状态，以维持室内环境的舒适度。同时，系统还能根据居住者的生活习惯和偏好，进行个性化的环境调控。

④ 报警与预警机制。为了确保家庭环境的安全与稳定，智能家居系统应具备完善的报警与预警机制。当环境数据超出预设的安全范围或设备出现故障时，系统能够立即发出报警信号，并通过多种方式（如手机推送、语音提醒等）通知居住者。同时，系统还能提供预警功能，提前预测可能发生的异常情况，为居住者提供充足的应对时间。

⑤ 节能环保控制。智能家居系统在提升居住舒适度的同时，也应注重节能环保。通过智能调控策略的优化和节能设备的选用，系统能够在满足居住需求的基础上，最大限度地降低能源消耗和环境污染。例如，利用智能温控系统实现按需供暖／制冷，利用太阳能、风能等可再生能源为家庭供电等。

智能家居环境监测与管理是现代家庭生活的重要组成部分。通过环境数据采集、数据处理与分析、智能调控策略、用户界面设计、报警与预警机制、节能环保控制、设备互联互通以及隐私与安全保护等关键要素的综合运用，智能家居系统能够为居住者提供更加舒适、安全、节能的生活环境。

如今，数字化智能家居控制技术及应用已经深入现代家庭生活的方方面面。随着技术的不断进步和应用的不断深化，相信未来智能家居将为人们带来更加美好的生活体验。

5.2.2 智能家居系统的发展

5.2.2.1 更加智能化和个性化

未来的智能家居系统将更加注重智能化和个性化。通过 AI 和机器学习技术，智能家居设备将能够更好地理解和预测用户的需求，提供更加贴心的服务。例如，全息数字人管家将能够与用户实时对话，学习用户偏好，并提供个性化的生活助手服务。

（1）智能化

① 自动化控制。智能家居系统通过集成各种传感器、控制器和执行器等设备，实现了家居环境的自动化管理。例如，根据室内光线自动调节窗帘开闭、根据室内外温差自动调节空调温度等，无须人工干预即可完成一系列操作，极大地提高了生活的便利性。

② 智能学习与适应。先进的智能家居系统能够通过学习用户的生活习惯和行为模式，逐渐适应并预测用户的需求。比如，通过分析用户的起床时间、回家时间等信息，智能照明系统可以在用户需要时自动亮起，智能门锁能在用户接近时自动解锁。

③ 系统集成与互操作性。随着技术的发展，智能家居系统不再局限于单一设备，而是能够实现多设备之间的无缝集成与互操作。通过统一的平台或协议，用户可以对家中的所有智能设备进行统一管理和控制。

（2）个性化

① 定制化服务。智能家居系统允许用户根据自己的需求和喜好进行个性化设置。例如，用户可以根据自己的生活习惯定制智能场景模式（如离家模式、回家模式、观影模式等），一键切换即可满足不同的生活需求。

② 个性化推荐。一些高级的智能家居系统还能根据用户的使用习惯和历史数据提供个性化推荐服务。比如，智能音箱可以根据用户的音乐偏好推荐歌曲，智能冰箱可以根据用户的购物习惯推荐食材。

③ 情感交互。未来的智能家居系统会更加注重情感交互和人性化设计。通过语音识别、自然语言处理等技术，智能家居设备将能够更好地理解用户的情感和需求，提供更加贴心、个性化的服务。

智能家居系统的智能化和个性化主要体现在自动化控制、智能学习与适应、远程控制与监控、系统集成与互操作性，以及定制化服务、个性化推荐和情感交互等方面。这些特性的不断提升将为用户带来更加便捷、舒适、安全和个性化的居住体验。

5.2.2.2 无缝连接与统一生态系统

无缝连接与统一生态系统是两个在不同领域但又相互关联的概念，它们各自具有独特的含义和应用场景。

（1）无缝连接

对于无缝连接最通俗的理解是：在充分掌握系统的底层协议和接口规范的基础上，开发出与之完全兼容的产品或服务，使得不同系统或组件之间能够平滑、无阻碍地交互和协作。这个概念广泛应用于多个领域，包括但不限于技术、管理、服务等。

在技术层面，无缝连接技术可以确保数据在传输过程中不丢失、不中断，实现高效、稳定的通信。例如，在音频、视频编辑领域，无缝连接技术可以确保不同片段之间的平滑过渡，避免出现卡顿或跳帧现象。在软件开发中，无缝连接则意味着不同模块或系统之间的接口紧密配合，能够顺畅地交换数据和信息。

此外，无缝连接还强调用户体验的连续性和一致性。在产品设计和服务提供过程中，无缝连接能够确保用户在不同场景或平台下获得一致、流畅的体验，无须进行烦琐的切换或调整。

（2）统一生态系统

统一生态系统是一个更为宏观和系统的概念，它是在一定范围内，各个组成部分（如生物群落、技术平台、企业组织等）通过相互关联、相互作用而形成的一个有机整体。在这个生态系统中，各个组成部分之间具有高度的协同性和互补性，能够共同实现特定的目标或功能。以技术平台为例，统一生态系统通常包括硬件、软件、服务等多个层面。在这个生态系统中，不同的硬件设备能够相互兼容、协同工作；不同的软件应用能够无缝集成、共享数据；服务提供商能够基于这个生态系统提供更加丰富、便捷的服务。这种统一生态系统的构建有助于提升整个系统的效率和稳定性，同时也能够为用户带来更加优质、全面的体验。

5.2.2.3 安全性和隐私保护

随着智能家居设备数量的增加，网络安全和隐私保护会更加重要。未来的产品将采用更先进的加密技术，确保用户数据的安全，并提供更强大的入侵防护。同时，智能家居系统还将注重用户隐私保护，确保用户数据不被滥用或泄露。随着智能家居设备的普及和应用，这些问题日益受到关注。

（1）智能家居的安全性

① 网络攻击风险。智能家居设备连接互联网，可能成为黑客攻击的目标。黑客可能通过漏洞攻击智能家居设备，进而控制设备或窃取数据。可以通过使用强密码、定期更新网络设备的固件和软件、安装网络防火墙等安全措施来降低被攻击的风险。

② 设备被恶意控制。智能家居设备一旦被恶意控制，可能对用户的生活造成严重影响，如门锁被非法打开、摄像头被非法访问等。应限制设备访问权限，只允许授权用户访问；定期监控设备活动，及时发现并处理异常行为。

③ 数据泄露风险。智能家居设备在使用过程中会产生大量数据，包括用户的个人信息、家庭布局、日常活动轨迹等敏感信息。这些数据一旦泄露，可能对用户造成损失。在设备上启用数据加密功能，确保数据在传输和存储过程中得到保护；定期备份重要数据，以防设备遭受攻击导致数据丢失。

（2）智能家居的隐私保护

① 个人信息保护。智能家居设备可能收集用户的个人信息，如姓名、地址、电话号码等。这些信息一旦泄露，可能会造成不良后果。用户应仔细阅读并理解智能设备的隐私政策，确保设备在收集和使用个人信息时符合法规要求；限制设备收集和使用个人信息的范围，只提供必要的信息。

② 声音和图像隐私。许多智能家居设备配备了麦克风和摄像头，能够捕捉家庭内的声音和图像。这些信息如果被非法获取，可能对用户造成极大的隐私侵犯。应关闭不必要的麦克风和摄像头功能，使用具有隐私保护功能的设备，如支持物理遮挡或有自动关闭功能的摄像头。

③ 第三方服务隐私。智能家居设备可能与第三方服务进行交互，如智能音箱与音乐播放服务的连接。这些交互过程中可能涉及用户隐私的泄露，应选择可信的第三方服务提供商，并仔细了解他们的隐私政策；在使用第三方服务时，需注意保护个人信息和隐私设置。

智能家居的安全性和隐私保护是相辅相成的。为了保障智能家居的安全性和隐私保护，用户需要采取一系列措施，如使用强密码、定期更新网络设备的固件和软件、限制设备访问权限、启用数据加密功能等。同时，厂商也应加强产品设计和技术支持，提供更安全、可靠的智能家居解决方案。

5.2.2.4 情感识别与情境感知

从生理学和心理学的观点来看，情绪是有机体的一种复合状态，既涉及体验，又涉及生理反应，还包含行为。情感识别旨在通过观察这些可观测的生理或行为信号来推断人的内在情感状态。

（1）情感识别

① 检测生理信号。如呼吸、心率、体温等，这些信号可以反映人的生理状态，进而与情感状态相关联。

② 检测情感和行为。情感识别如面部表情识别、语音情感识别和姿态识别。其中，面部表

情识别通过分析面部肌肉的运动、眼睛的形状、嘴唇的形状等来判断人的情感；语音情感识别通过分析语音的音调、语速、音量等特征来识别情感；姿态识别则通过身体动作、姿势等来判断人的情感状态。情感识别技术广泛应用于社交网络、电商、娱乐、医疗等领域。例如，在电商领域，通过分析用户的情感反馈，情感识别技术可以优化产品推荐和服务质量；在医疗领域，情感识别技术可以帮助医生更好地了解患者的心理状态，从而提供更有效的治疗方案。

（2）情境感知

情境感知技术使计算机设备能够"感知"当前的情境。这里的"情境"包括用户所处的环境、状态、情感等多种因素。情境感知技术通过传感器、数据分析等手段，收集和处理与用户相关的各种信息，从而为用户提供更加个性化和智能化的服务。

情境感知技术在多个领域都有着广泛的应用。例如，在旅游方面，应用了情境感知技术的导游助手可以根据游客的位置进行景点推荐、路线导游；在购物方面，可以根据顾客的位置进行商品推荐等。此外，情境感知技术还被广泛应用于智能家居、服务式办公、精准农业等领域。通过分析用户所处环境、状态甚至情感等方面的信息，情境感知技术可以更加智能地满足用户的需求。

未来智能家居设备也将具备情感识别能力，能够根据用户的情绪状态调整环境，如改变照明、音乐和温度等，以创造更舒适的空间。同时，情境感知技术也将得到广泛应用，智能家居系统能够根据不同的情境自动调整设备设置，提供更加贴心的服务。

总之，情感识别与情境感知是人工智能领域的两个重要概念，它们分别关注人的情感状态和所处情境的感知与理解。情感识别通过分析人类的语言、语音、面部表情等信息来识别情感状态；情境感知则通过传感器、数据分析等手段来感知用户所处的环境、状态等情境信息。这两种技术相互补充，共同为 AI 的发展和应用提供了有力支持。

5.2.5 VR 与 AR 的应用拓展

VR 与 AR 技术将在智能家居中得到更广泛的应用。例如，用户可以通过 AR 眼镜查看家中设备的状态或进行远程家庭巡检，通过 VR 技术体验家居改造或进行虚拟装修等。这些技术将为智能家居带来全新的体验方式，提升用户与设备之间的交互效果。

数字化智能家居系统是现代科技的结晶，它将家居设备、系统和服务融为一体，为用户打造一个舒适、安全、高效、智能的居住环境。随着技术的不断进步和市场的不断扩大，数字化智能家居系统将在更多家庭中得到应用和推广。

5.2.3 数字化智能家居系统设计

数字化智能家居系统设计主要展示如何通过先进技术和创新设计将传统家居环境转变为智能化、高效化生活空间的范例。设计通常涵盖家居的各个方面，包括照明、安防、娱乐、环境控制等，通过数字化技术实现自动化、远程控制和个性化定制（图 5-8）。

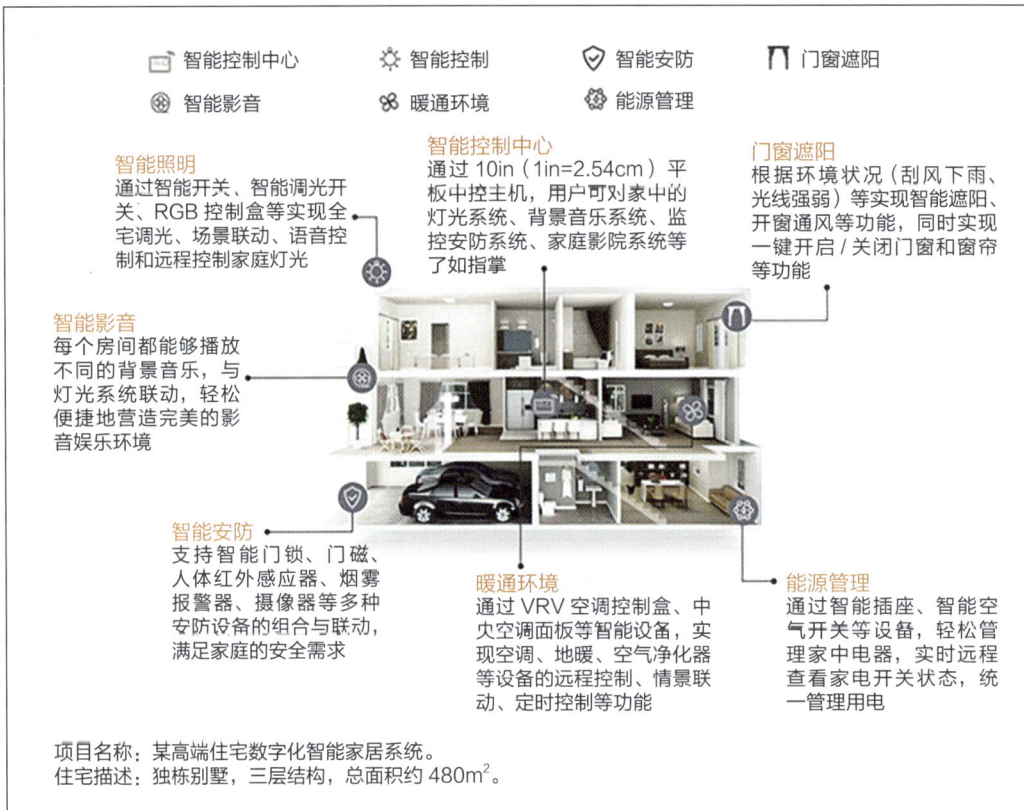

智能控制中心　智能控制　智能安防　门窗遮阳
智能影音　暖通环境　能源管理

智能照明
通过智能开关、智能调光开关、RGB控制盒等实现全宅调光、场景联动、语音控制和远程控制家庭灯光

智能控制中心
通过10in（1in=2.54cm）平板中控主机，用户可对家中的灯光系统、背景音乐系统、监控安防系统、家庭影院系统等了如指掌

门窗遮阳
根据环境状况（刮风下雨、光线强弱）等实现智能遮阳、开窗通风等功能，同时实现一键开启/关闭门窗和窗帘等功能

智能影音
每个房间都能够播放不同的背景音乐，与灯光系统联动，轻松便捷地营造完美的影音娱乐环境

智能安防
支持智能门锁、门磁、人体红外感应器、烟雾报警器、摄像器等多种安防设备的组合与联动，满足家庭的安全需求

暖通环境
通过VRV空调控制盒、中央空调面板等智能设备，实现空调、地暖、空气净化器等设备的远程控制、情景联动、定时控制等功能

能源管理
通过智能插座、智能空气开关等设备，轻松管理家中电器，实时远程查看家电开关状态，统一管理用电

项目名称：某高端住宅数字化智能家居系统。
住宅描述：独栋别墅，三层结构，总面积约480m^2。

图5-8　数字化智能家居系统

数字化智能家居系统设计是一个综合了多个技术领域的复杂工程，旨在通过先进的计算机技术、网络通信技术和综合布线技术，将家庭的各种设备、系统和服务连接成一个整体，从而实现家居生活的自动化、智能化和舒适化。

5.2.3.1 系统整体设计

数字化智能家居系统通常基于一个中央控制平台，该平台集成了各种智能设备和传感器，通过无线网络（如Wi-Fi、Zigbee、蓝牙等）实现设备间的互联互通。用户可以通过智能手机、平板电脑或语音助手等设备，对家中的智能设备进行远程控制和场景设置。

5.2.3.2 设计原则

数字化智能家居系统的设计原则是在设计过程中必须遵循的一系列准则，这些原则对于确保智能家居系统的实用性、安全性、可靠性、易用性、可扩展性以及经济性等方面起着至关重要的作用。

（1）可靠性原则

① 稳定运行。数字化智能家居系统需要在各种环境和条件下稳定运行，避免因系统故障

或失效而影响用户的正常使用。系统的主要设备和传输网络应采用成熟的技术和设备，确保系统稳定、可靠地运行。

② 冗余设计。为了提高系统的可靠性，采用冗余设计，即在设计时考虑系统关键部件的备份和替换方案。

（2）先进性与可拓展性原则

数字化智能家居系统应具备先进的技术水平，并留有升级和拓展的空间，以适应未来技术的发展和需求变化。

① 兼容性。系统软件和硬件应具有良好的兼容性，能够兼容市面上绝大多数的智能家居产品，以便在未来的维护和升级中不会出现无法兼容其他品牌产品或出现设备冲突的情况。

② 模块化设计。采用模块化设计思想，使得系统各功能模块相对独立，便于根据实际需求进行扩展和升级。

（3）便利性原则

数字化智能家居系统的操作应简单便捷，用户无须复杂地学习即可轻松掌握。

① 操作简便。系统应具有简洁明了的操作界面和操作流程，使用户能够轻松掌握系统的使用方法。

② 智能联动。通过智能控制中心实现设备之间的智能联动和场景切换，提高系统的便捷性和实用性。

（4）实用性原则

数字化智能家居系统应采用模块化设计，便于日常维护和故障排查。

① 用户需求导向。数字化智能家居系统的设计必须充分考虑用户的实际使用需求，确保系统能够在满足这些需求的基础上发挥最大效用。

② 功能优化。在系统设计中，应优先考虑那些能够显著提升用户生活品质的功能，并确保这些功能在实际应用中能够稳定、高效地运行。

（5）安全性原则

数字化智能家居系统应具备完善的安全机制，保护用户数据和隐私。

① 数据保护。采用加密技术保护用户数据，确保用户隐私和财产安全。

② 物理安全。系统应具备防火、防盗等物理安全措施，防止外部入侵和破坏。

5.2.3.3 具体设计案例

（1）系统组成

① 家庭智能终端

a. 作为整个智能家居系统的核心，集成所有子系统的控制功能。

b. 实现可视对讲、门禁开锁、视频监控、网络远程控制等功能。

② 智能照明系统

a. 通过智能开关、调光器等设备，实现对家中灯光的集中控制、情景控制、组合控制等。

b.用户可以根据不同场景（如会客、观影、休息等）设置相应的灯光模式。

设计要点：智能照明系统能够根据时间、光线强度和用户的偏好自动调节灯光亮度和色温，营造舒适的居住环境。同时，系统支持远程控制和场景设置，如离家模式、回家模式、会客模式等，以满足不同场景下的照明需求。

实现方式：通过智能光源、智能开关和传感器等设备实现，用户可以通过手机App或语音助手控制灯光。

③ 智能家电控制系统

a.通过智能插座、红外转发器等设备，实现对电视、空调、热水器等家电的远程控制。

b.用户可以通过手机App或语音助手随时查看家电状态并进行控制。

设计要点：系统的设计是以用户为中心，满足人性化操作的需求。设计过程中，关键技术包括智能化识别技术、互联网通信技术以及先进的控制算法等。系统的核心在于高效的集成与控制功能，实现各种家电设备的互联互通和远程控制。

实现方式：通过先进的传感器技术、网络技术以及人工智能技术来实现高效的家电控制。通过智能家电控制系统，用户能够方便地远程控制家电设备，从而提高生活质量和便利性。

④ 智能安防系统

a.包括门磁、窗磁、红外探测器、烟雾探测器等设备，实时监测家中的安全状况。

b.一旦发生异常情况（如非法入侵、火火等），系统会立即发出警报并通知用户。

设计要点：智能安防系统包括智能门锁、摄像头、烟雾探测器等设备，能够实时监测家中安全情况，并通过手机App向用户发送警报信息。系统支持人脸识别、行为分析等高级功能，提高家庭安全防护水平。

实现方式：通过安装智能安防设备和设置相应的安全规则，用户可以随时查看家中情况并接收警报信息。

⑤ 智能窗帘系统

a.通过电动窗帘轨道和控制器，实现窗帘的自动开合和调节。

b.用户可以通过手机App或语音助手控制窗帘的开合程度，也可以设置定时开关。

设计要点：注重安全性和稳定性，具备过载保护、过流保护等功能，同时考虑节能环保和用户体验，如智能调节开合程度、界面友好等。

实现方式：多样化的控制方式，如手机App控制、语音控制和遥控器控制，以满足不同用户的需求。同时，通过集成光纤传感器、温度传感器等，实现自动调整窗帘状态，优化室内环境。此外，智能窗帘系统还支持联动控制、定时控制等功能，提高居住的便捷性和舒适度。

⑥ 智能环境控制系统

a.包括温湿度传感器、空气净化器、新风系统等设备，实时监测并调节室内环境。

b.根据用户的偏好和室内环境状况，自动调节温湿度和空气质量。

设计要点：智能环境控制系统的关键要素，包括系统架构、传感器技术、数据分析与处理和智能化控制等。通过合理的设计，智能环境控制系统能够实现对温度、湿度、光照、空气质量等环境因素的智能化调控。

实现方式：主要通过传感器、执行器、控制器、软件等一系列先进的技术和设备，实时监测、分析和调控环境参数，以达到优化室内或特定空间环境的目的。

⑦ 智能娱乐系统

a. 根据用户的兴趣、偏好和历史行为数据，为其提供个性化的娱乐内容推荐和服务。通过简化操作流程，如语音控制、手势识别等，使用户能够轻松享受娱乐服务。支持未来设备的加入和升级，以及新功能的扩展。

b. 分析用户行为数据，实现个性化推荐和智能控制。实现智能设备之间的互联互通，提高系统的整体性能和用户体验。提供便捷的交互方式，使用户能够轻松控制娱乐系统。

设计要点：智能娱乐系统集成了家庭影院、音响系统和游戏设备等，能够为用户提供丰富的娱乐体验。系统支持远程控制和场景设置，如观影模式下自动调整灯光和音响效果等。

实现方式：通过安装智能投影仪、音响设备和游戏机等设备实现，用户可以通过手机App 或语音助手控制娱乐设备。

（2）控制方式

① 语音控制。通过智能音箱等设备，用户可以通过语音指令控制家中的各种设备。

② 手机 App 控制。用户可以通过手机 App 随时随地查看和控制家中的设备。

③ 触控面板控制。在客厅、卧室等关键位置安装触控面板，方便用户进行直观操作。

5.2.3.4 设计案例的特点与优势

（1）特点

① 系统整合性。数字化智能家居系统通常能够整合多种智能设备，如智能电视、智能音箱、智能门锁、智能照明、智能窗帘、智能家电等，形成一个统一的、高度互联互通的智能生态系统。

这类系统能够通过智能手机、平板电脑、语音助手等终端设备进行远程控制和管理，实现一键式操作和自动化场景控制。

② 智能化与自动化。数字化智能家居系统能够智能感知家庭环境的温度、湿度、光线、声音等多种信息，并根据人们的习惯和需求自动进行环境控制和设备调节。例如，自动调节空调温度、光线强度以及开关窗帘等，使家庭环境始终保持最佳状态。

③ 安全性与隐私保护。数字化智能家居系统往往包含多种安全验证措施，如人脸识别、指纹识别、密码控制等，以提高家庭的安全等级。

同时，系统还具备智能监控、预警和报警功能，确保家庭财产和人身安全。对于隐私保护，系统设计时通常会采用加密技术和严格的访问控制策略，保障用户数据的安全性和隐私性。

④ 个性化与定制化。数字化智能家居系统能够根据用户的兴趣、爱好和习惯提供个性化的智能服务，如智能音乐播放、电视互动、情景模拟等。用户可以根据个人需求进行定制化的场景设置和设备联动，满足不同的生活场景和个性化需求。

⑤ 扩展性与升级性。数字化智能家居系统具备强大的扩展性，可以根据用户的需要添加新的智能设备或升级系统功能。系统软件支持远程升级和自动更新，确保用户始终能够享受到最新的功能和服务。

（2）优势

① 提升生活便利性。数字化智能家居系统可以实现远程控制和管理，人们可以随时随地对家庭设备进行操作和调整，提高生活的便利性和灵活性。

② 增强家居舒适度。数字化智能家居系统能够自动感知和调整家庭环境参数，为人们创造一个更加舒适、健康的生活环境。

③ 提高家居安全性。数字化智能家居系统采用多种安全验证和监控措施保障家庭财产和人身安全，使居住者更加安心。

④ 节约能源和资源。通过智能化控制和管理，数字化智能家居系统能够实现能源的合理利用和减少浪费，达到节能减排的目的。

数字化智能家居系统展示了科技如何改变人们的生活方式，提高了家居生活的便捷性、舒适度和安全性。随着技术的不断进步和应用的深入拓展，未来数字化智能家居系统将会更加智能化、个性化和便捷化，为人们带来更加美好的生活体验。

结　语

数字化室内设计打破了传统设计的界限，将艺术与技术深度融合，实现了从静态到动态、从单一视角到多维度体验的转变。其核心创意理念在于"个性化定制"与"智能化融合"。设计师能够依据客户的具体需求，运用大数据分析与 AI 辅助设计，创造出既符合个性化审美又兼顾功能性的空间方案。同时，环保与可持续性也成为不可忽视的设计理念，数字化技术助力实现材料的精准使用与能耗的有效控制。

技术应用方面，虚拟现实（VR）、增强现实（AR）、3D 建模与渲染技术无疑是数字化室内设计的亮点。VR 技术使客户能够"身临其境"地预览设计效果，提前感受空间氛围，AR 技术则让设计元素与现实环境无缝对接，提升设计的真实感与互动性。此外，BIM（建筑信息模型）技术的应用，实现了设计、施工、运维全生命周期的信息集成与管理，大大提高了项目的效率与质量。

数字化工具如 SketchUp、AutoCAD、Revit、3DS MAX 等，以其强大的建模能力、灵活的操作界面及高效的渲染效果，成为设计师不可或缺的创作利器。这些工具不仅简化了设计流程，降低了设计门槛，还促进了设计思维的多元化发展。然而，面对日益复杂的设计需求，如何进一步优化工具的易用性、提升数据处理能力、提高团队协作效率，仍是未来发展的重要方向。

数字化室内设计在表达效果上实现了质的飞跃。通过高精度的渲染技术与光影模拟，设计作品能够展现出细腻逼真的材质质感与光影变化，极大地增强了设计的感染力和说服力。同时，动画与视频形式的展示方式，让设计方案的动态美得以充分展现，帮助客户更好地理解设计意图，促进设计方案的最终确定。

数字化室内设计通过模拟真实场景、提供个性化选择、增强互动性等手段，极大地提升了用户体验。用户不仅能提前感受到未来居住或工作空间的舒适与便捷，还能在设计过程中积极参与，表达自己的意见与需求，实现真正意义上的"用户中心设计"。

展望未来，数字化室内设计将更加注重智能化、可持续化与人性化的发展。随着物联网、人工智能等技术的不断进步，智能家居系统将更加深入地融入室内设计中，实现空间环境的智能调控与个性化服务。同时，绿色材料与技术的广泛应用将推动室内设计的可持续发展。此外，随着人们对生活品质要求的不断提升，人性化设计将成为不可忽视的趋势，设计将更加注重人的情感需求与精神寄托。

在数字化室内设计的探索之路上，也面临着诸多挑战与反思。一方面，技术的快速发展要求设计师不断学习与更新知识体系，保持对新技术、新工具的敏锐度；另一方面，如何在技术辅助下保持设计的原创性与艺术性，避免陷入技术至上的误区，是需要深思的问题。此外，如何在追求个性化与智能化的同时，确保设计的实用性与经济性，也是设计师需要面对的现实挑战。

数字化室内设计作为艺术与科技融合的典范，正以其独特的魅力引领着室内设计行业的未来发展。有理由相信，在不断创新与探索中，数字化室内设计将为人们创造更加美好、智能、可持续的生活空间。

参考文献

[1] 周振坤. 现代室内设计的表现与未来趋势研究 [M]. 南昌：江西美术出版社，2020.

[2] 李锋白. 智能家居 [M]. 北京：科学技术文献出版社，2020.

[3] 克里斯蒂安妮·保罗. 数字艺术 [M]. 李镇，译. 北京：机械工业出版社，2021.

[4] 迈克尔·勒威克. 设计思维手册 [M]. 高馨颖，译. 北京：机械工业出版社，2022.

[5] 李屹，邱妍. 设计创意思维训练 [M]. 北京：中国建材工业出版社，2022.

[6] 李启龙. 数字化设计概论 [M]. 北京：中国电力出版社，2024.